JAPANESE

日本の犬

人とともに生きる

Kikusui 菊水健史 Takefumi
Nagasawa 永澤美保 Miho
Tonoike 外池亜紀子 Akiko
Kuroi 黒井眞器 Maki

東京大学出版会

DOGS

Japanese Dogs: Living in Symbiosis with Humans
Takefumi KIKUSUI, Miho NAGASAWA , Akiko TONOIKE
and Maki KUROI
University of Tokyo Press, 2015
ISBN978-4-13-060230-3

はじめに

現在，日本におけるイヌの飼育頭数は約1200万頭．じつに数字上は6世帯に1世帯はイヌを飼育していることになる．「少子多犬化」といわれるくらいだ．このことからも，イヌの存在は人間社会にとって特別なものであることがうかがえる．ところが，ネアンデルタール人とホモサピエンスが共存していた時代にはすでに飼育されていたといわれるこの特殊な動物について，われわれはどのくらい知っているのであろうか．

1990年代まで，イヌは家畜の一種であり，行動学や遺伝学の領域では研究の対象となっていなかった．それが2000年代に入り，それまで霊長類や大型動物の研究をしてきた人たちが，こぞってイヌの研究を開始する．まさにイヌ研究の黄金期がスタートしたといえよう．そこでは，イヌのもつ卓越した社会認知能力，社会知性，とくにヒトとのコミュニケーション能力の驚異的な高さが見出されている．オオカミとイヌとは異なった能力があり，ある意味，イヌは類人猿であるチンパンジーにも勝るヒトとのコミュニケーション能力をもつことも実証されてきた．

なぜそうした高度な能力をイヌがもつようになったのかの全容解明は，これからの研究を待たなければならない．しかし，いくつかのヒントは明らかになりつつある．イヌはオオカミと共通の祖先から進化してきたといわれているが，オオカミとは異なった能力も見出されており，イヌはイヌとして独自の進化を遂げてきたことがDNAや比較認知実験の結果からみえてきた．人間との共生関係を築けたのは，そうした特殊なコミュニケーション能力を人間が手を加える前からもっていたためなのか，あるいは，そうした能力をもつイヌを育種選抜してきたからなのか，おそらくその両者が必要だったと思われる．

イヌの進化の過程，ヒトとの共生の歴史を知ることは，つまりヒトがなぜイヌとは特別な関係が結べたのかというヒトの理解にもつながる．といっても，イヌの行動を遺跡から調べることは不可能．では「どうやってイヌがイヌとなり，ヒトとともに暮らし始めたのか」という大きな命題はどのように解決できるのだろうか．その鍵を握るのが日本犬なのである．じつは，世界に400といわれるほど多様な犬種が存在するが，遺伝学研究により，日本犬はもっともオオカミとその遺伝的特性が似ている犬種として分類された．つまり，日本犬にはいまだ祖先種のもっていたDNAが受け継がれているという．

そもそも，日本に生まれ，イヌのすばらしさに魅せられ，行動学と多少の遺伝学を学んだ身としては，これは最大のチャンス，あるいは使命を感じざるをえないわけである．もちろん，このような壮大な研究を身ひとつでチャレンジできるわけではない．現在，筆者が所属する麻布大学の研究室で，同じ志をもつ仲間が集まり，ともにこの課題に取り組もうと，研究を開始した．これが約8年前である．まだまだ最終的な結果を得るまでには至らないが，今，その中間点を過ぎた感があり，ぜひともここで一度，自分たちの研究の立ち位置を振り返り，日本犬のすばらしさを科学的にとりまとめてみよう，と今回の本の企画に参加することとした．お声かけは東京大学出版会編集部の光明義文さんで，東京大学の長谷川寿一先生が後押しをしてくださった．このお2人の助言なく，本書を書き上げることはなかったであろう．そして日本犬を理解するにあたり，3つのテーマを設定した．1つは行動学．イヌがヒトとの生活を開始したのは，行動学的な特性が祖先種（オオカミと似たものと想像される）から変化し，ヒトとの共生に向けた能力を獲得したからであるはず．このような行動上の選択圧がヒトとの共生の基盤にあるだろう．オオカミとの比較を介したイヌの行動特性，さらには日本犬の行動，についての知見がなくてはならない．2つめは遺伝的推移．オオカミと異なる生活を手に入れたイヌたちはヒトとの共生を介して，しだいに遺伝的にオオカミとの距離が生じ始める．この遺伝的な違いはどこにあるか，の知見である．最後にオオカミと近しい特性を維持してきた日本犬の生活のあり方，日本人はどのように日本犬を敬愛してきたのか，の知見である．その歴史的特性を知ることで，日本犬の理解，さらにはイヌがイヌとなった道筋の理解が成り立つだろう．

これらそれぞれのテーマを，筆者がもっとも適任と思った方々にお願いし，本書が完成した．まだまだ日本犬のほんとうの理解までには至らないが，そのおもしろさと価値を，本書を介して理解していただけたらと思う．イヌの進化の理解とは，つまりヒトがどのような社会に住み，なにを大事にしてきたのか，を知ることでもある．なぜなら，「ともに生きる」仲間としてイヌを選び，その過程でより「ヒト社会に適したもの」を選んできたからである．ヒトの生き方がイヌにみえるともいえよう．そのような観点も含めつつ，本書の最後までおつきあいいただければ幸いである．

菊水健史

目　次

序章
日本犬というイヌ

菊水健史

日本犬，というとみなさんの多くは秋田犬の忠犬ハチ公を思い出されることだろう．きりりと前を向いた三角の耳，感情を押し殺して一点をみつめる少し釣り上がった細い目，太く力強く巻いた尾．ずんぐりむっくりで，素朴な被毛．これらの独特な勇姿は秋田犬の特徴で，ほかの日本犬にも共通する．現在（2015 年），日本犬でもっとも人気があり，飼育頭数が多いのは柴犬であり，ジャパンケネルクラブの登録頭数でも全犬種中堂々の第 6 位，1 万 2000 頭が登録されている．ほかの日本犬が 30 位以降とすれば，柴犬人気は日本犬のなかでは断トツである．

忠犬ハチ公に代表される日本犬の特徴は，その朴訥として，端麗でありながら力強さと俊敏性を感じさせる外見だけではない．忠犬，という言葉に代表されるように，飼い主との間にみせる特殊な関係性も大きな特徴の 1 つである．強い信念と動じない態度，しかも素直で，飼い主には忠誠を誓い，敵には生命をもいとわない．喜びはかみしめ，けっしてうれしくてもはしゃがない．つらくともその気迫の顔面の下にその感情を隠して耐え忍ぶ．このような日本犬のふるまいに惚れ込んでいる方も多いことだろう．そしてそこにはイヌと飼い主のかけがえのない絆，それは経験した方はみんな知っていて，したことのない方は予想もできないような関係性，が存在する．

スタシ――飼い主だけに心を開いたイヌ

イヌの研究は，コンラート・ローレンツ抜きに語ることはできない．みなさんもご存じのとおり，ローレンツは動物行動学を体系化し，学問として科学的に取り扱った先駆的研究者である．1973 年にノーベル医学生理学賞を受賞した．その動物の行動を観察する鋭さ，科学的理解の深さや洞察力は今も目を見張るものがある．当時の科学技術では解析が困難であった，たとえば遺伝学的な推察，行動の背景にある神経科学などを含めて，動物の行動からそのメカニズムと適応的意味を解いており，そしてその仮説がほぼ正しい，という驚異的な研究者である．

彼は愛犬家としてもよく知られており，多くのイヌと生活をともにしている．“The bond with a true dog is as lasting as the ties of this earth can ever be（ほんとうのイヌとの絆は，ヒトがこの地球とのつながりがあるように，永遠のものなのです）．”と書いているように，イヌとヒトとの絆形成に関して，なみなみならぬ関心をもっていた．あまりにも有名な著書『人イヌにあう』では彼と生活をともにしたイヌの特性やローレンツとの関係性が多々記されており，その感性あふれた内容に感銘を受ける．「私のイヌが私が彼らを愛する以上に私を愛してくれるという明らかな事実は否定しがたいものであり，つねにある恥ずかしさを私の心にかきたてる．ライオンかトラが私をおびやかすとすれば，アリ，ブリイ，ティトー，スタシ，そしてその他のすべてのイヌは，一瞬のためらいもみせず，私の命を救うために絶望的なたたかいに身を投ずることだろう．よしんばそれが，数秒の間だけのものであっても．ところで，私はそうするだろうか？」とまでイヌの忠誠心，飼い主への絆を説いている．とくにシェパードとチャウ・チャウとの間の子として生まれたスタシについては，何度読んでも心打たれるものである．

野生のオオカミのような風格をもちながら，飼い犬として研ぎ澄まされた能力を表した非常に賢いスタシは，ある日ローレンツとの別れを迎えることとなる．ローレンツが家を離れるとき，スタシはまだ9カ月の子犬であった．ローレンツが3カ月後のクリスマスに帰ったときは喜んで迎え入れ，賢いスタシであった．しかし，その後ふたたびローレンツが家を出るとき，別れの象徴であるスーツケースの用意を始めるや否や，スタシの行動が激変する．不安と恐怖におののき，つねに呼吸は荒く，寝る素振りもない．それはまるでノイローゼのような状態．大切な主人が，ふたたび自分を置いてどこかへと行ってしまうのでは，たとえそれが一時的なものであっても，スタシにはあまりにも重大なことだったのだろう．片時もローレンツのそばを離れず，あとをついてまわるスタシ．ついに出発の日，ローレンツはスタシを閉じ込めて駅へと向かわなくてはならなくなる．スタシは落ち込み，絶望したかのようにおとなしくなり，まったく動かなくなった．駅に向かうと，遠くから静かについてくる．そして列車に乗り込み別れのときとなると，スタシは果敢にも列車に飛び乗ろうとする．ローレンツはそれを遮り，線路にスタシを突き落とすはめになってしまう．スタシと別れなければならなかったときの，ローレンツの気持ちはどんなものだったのだろう．その後，スタシはだれのいうことも聞かず，野生動物と化し，ニワトリやそのほかの動物を殺生するようになる．最終的にはヒトにも咬みつこうとした．家族はスタシのことをあきらめ，ディンゴのオリに入れざるをえなかった．主人と離れ離れになってしまったイヌは，どんなに賢いイヌでさえ，落ち込み不安定になり，なにをしているのかさえ，わからなくなってしまう．ふたたびローレンツが帰ってきたとき，スタシの示した行動はなんともいえない情景として記されている．ローレンツに気づいたスタシは30秒間，天まで届かんばかりの遠吠えをし，その後ローレンツに飛びつき，はしゃぎ続けた．その喜びを全身で表現したとき，スタシを苦しめていた主人との別離という悲しい現実は完全に消し去られ，かつての利口で従順なスタシへと戻るのである．このイヌのヒトとともにいることの喜びこそが，われわれをイヌ好きにさせる原動力なのだろう．最終的にはスタシはまたローレンツと別居せざるをえなくなり，動物園のオオカミのオリに入れられ，空襲を受けて亡くなってしまう．6年間の犬生で，スタシはローレンツと3年にも満たない期間しか一緒にいられなかった．それでもローレンツは「彼女は私が知っているイヌのうちでもっとも忠実なイヌだった，私は非常にたくさんのイヌを知っているのであるが」と結んでいる．

飼い主との特別な関係性

ローレンツとスタシの例のように，ヒトとイヌには分かちがたい関係が成立する．イヌは飼い主を特別視し，慕い，そのまれなる忠誠心をもって，飼い主との特別な関係を構築する．世界にはさまざまな動物が存在するが，イヌほどヒトに近く，親和的に，そして阿吽の呼吸でともに生活できる動物はほかにはない．

イヌは2万年ほど前からヒトとともに歩みだした，地球最古の家畜である．

日本におけるイヌの飼育頭数は1000万頭を超え，じつに世帯数の20%弱がイヌとともに生活している．なぜイヌがヒトとの生活にこれほどまでに深くかかわるようになったか，それは言語を用いないイヌとヒトとの間にある特殊なコミュニケーションによるのかもしれない．近年の認知，神経内分泌の研究によって，イヌとヒトとの間における生物学的な絆の根拠が明らかになってきた．そして，このイヌのヒトとの進化を解き明かす鍵になるのが日本犬である，というのだ．詳細は第I部，第II部に譲るとして，ここでは簡単にその背景を紹介しよう．そのためにはまずはイヌの進化から語らねばならない．

イヌはいつからイヌだったのか

では，イヌはいつからイヌだったのだろうか．考古学と進化学から提唱されているイヌの祖先はまずキノディクティス（*Cynodictis*）に始まる．キノディクティスはすべての肉食哺乳類の祖先に相当するといわれており，爪は出し入れ可能で，おそらく樹上生活を営んでいたと思われている．このキノディクティスの出現が約1200万年前である．その後ネコ科とイヌ科が分かれ，イヌ科の祖先としてはトマルクタスが現れる．トマルクタスは地上生活を始め，イヌと同等の生活パターンを示していたと考えられている．このトマルクタスがイヌ科の動物，イヌ，オオカミ，コヨーテ，ジャッカルなどの共通の祖先となる．

さて長い間，オオカミがイヌの祖先であるといわれてきた．これはまちがいではない．それ以前にはイヌの祖先がオオカミなのかあるいはジャッカルなのかという論争があったが，ミトコンドリアDNAの解析により，すべてのイヌはオオカミと共通の祖先をもっており，ジャッカルとはそれ以前に分かれたことが明らかとなっている．さきがけとなった研究は1993年のカリフォルニア大学ロサンゼルス校のウェインらのもので，イヌ科動物におけるミトコンドリアDNAを比較した．またその後の研究で，イヌはオオカミともっとも近縁であり，コヨーテやジャッカルとは少し離れていることが明らかとなった．これらの分子系統学的研究の結果と，イヌとオオカミはおたがいの子をつくることが可能であり，両者の間にできた子どもも生殖可能である事実を考えあわせると，じつは生物学的にイヌとオオカミは同じ動物種であるということになる．

一方，オオカミには生息する地域によっていくつかの亜種があり，イヌがどの地域で，どの亜種から分岐したものであるかについては，現在のところ定説はない．もっとも有力な説としては，スウェーデン王立工科大学（ストックホルム）で進化生物学を研究するサヴォライネンらが2002年に報告したものである．彼らもユーラシアの38頭のオオカミと，アジア，ヨーロッパ，アフリカおよび北アメリカから集めた654頭のイヌから採取したミトコンドリアDNAを解析した．その結果，南西アジアやヨーロッパのイヌと比較し，東アジアのイヌにはより大きな遺伝的多様性が認められ，東アジアのイヌがほかの地域のイヌより古い起源をもつこと，すなわち，イヌは東アジアに起源をもち，世界に広がっていったことが示唆された．そのなかでもとくに柴犬と秋田犬がオオカミにもっとも近いDNAをもつことが明らかとなった．現在ではアメリカ大陸を起源とする犬種もいくつかいるが，おそらくすべてがシベリアからアラスカ経由でアメリカ大陸に渡ったイヌの子孫と考えられる．それはイヌイットのようなモンゴロイドの人たちとともに渡っていったのだろう．時代は氷河期，凍りつくような吹雪の大地をイヌとヒトがともにシベリアからアラスカに協力しながら渡っていく様を想像するだけで，筆者はとてもわくわくしてしまう．その起源が日本犬にあるのかもしれない，という日本人の端くれイヌ研究者にとっても，他に変えられない大きな研究のチャンスをもらったつもりでいる．

イヌへの進化

イヌの起源については，上述のように遺伝子解析によっていくつかのことが明らかになってきた．その結果から，イヌはヒトとの共生生活を始める数万年も前からオオカミとは別の亜種となっていて，オオカミとは違った行動上の特徴，すなわち他者を受け入れる寛容性をもっていたがためにヒトとの共同生活が始まったのだというのが現在もっとも有力な説である．しかし，このときのイヌの外見はおそらくオオカミと区別がつかないため，これまで発掘された遺跡出土骨はオオカミとして確認されていたのかもしれない．そのため考古学上のイヌの出現はそれより遅れて，3万-1万5000年前になる．もっとも古いとされるイヌの骨は シリア・ドゥアラ洞窟にあるネアンデルタール人の住居遺跡（約3万5000年前）から発掘されたもので，小型のオオカミに似た下顎骨が発見されている．そのほか，ウクライナ・マルタ遺跡，ロシア・ウラル山脈の東に位置するアフォンドバ遺跡などでもイヌの骨が発掘されている．

現時点では考古学的知見と分子遺伝学的知見が一致していないものの，おそらく東アジアのどこかで，オオカミにそっくりなイヌが誕生した痕跡がみつかるかもしれない．その場合，初代のイヌはヒトに家畜化されておらず，ヒトの集落に近い野生下で生息していたと思われるため，一般的な住居跡や洞窟内の調査ではみつからないであろう．これが困難である．しかし，近い将来に考古学と分子遺伝学の双方が認めるイヌの起源がみつかると期待できよう．

少しまとめてみる．イヌとオオカミは生物学的には同種として認めることが可能である．実際に交配しても子孫を継代することができるし，遺伝子的にもほとんど違いが認められない．しかし，その亜種として確立されたイヌはおそらく東アジアで，ヒトによって家畜化されることとは無関係に，数万年前に出現したことになる．その後，モンゴロイドによって家畜化が進んだのか，あるいはイヌがヒトの周囲に出没し，ヒトの移動にともなって，大陸間を移動したのか，世界に広がっていったことになる．家畜化が起こったのはおそらくこの広がりと同時期，あるいはその後と考えられよう．遺伝学的研究からは，ヒトとイヌが出会った当時のイヌの遺伝子をもっとも多く受け継ぐのが日本犬である可能性が示された．そのヒトとイヌの出会いの場面，そこには日本犬のような朴訥として媚びない，従順に飼い主にしたがう，そういうイヌがいたのかもしれない．

イヌのネオテニーという進化

イヌの行動にはいくつもの特徴があげられる．オオカミらしい風貌のシベリアン・ハスキーでは，オオカミ様の攻撃性や服従行動に関与する15種類の行動のすべてが観察されたが，愛玩動物としての歴史の古いキャバリア・キング・スパニエルでは15種類のうち2つを認めただけであった．

興味深いことに，オオカミの発達と比較すると，オオカミで幼少期すぐに観察される行動は，多くの犬種で確認できるが，オオカミでも成長しないと発現しない行動になると，イヌではそのような行動を認めるのはまれとなる．このことは，イヌがオオカミの性成熟過程で成長を止めること，つまりネオテニー（幼形成熟）を意味する．ネオテニーの顕著な特性は遊び行動である．イヌはいくつになっても遊びに飽きない．遊びの最中に神経伝達物質であるオピオイドが分泌されるらしい．オピオイドはモルヒネと同じ作用をもつもので，脳内麻薬ともよばれる快楽と報酬にかかわる神経伝達物質である．たとえば母子間においては絆の形成にも役立つ．遊びを介してオピオイドが分泌されることで，その遊びの対象との親和的関係性は深まり，さらにはもっと遊びたい，という快情動が発達するのだろう．つまり，イヌは飼い主と遊ぶことで，飼い主に対する愛着を促進することになる．このようなイヌの行動のネオテニー化は，遊びに限らず，おとなになってからの見知らぬものへの興味や探索心，学習能力や友好な態度，寛容性など，まさにイヌの特徴ともいえる．実験的にもイヌとオオカミの違いとしてストレス応答性が異なることが明らかにされており，イヌは寛容で探索行動が多いが，オオカミは警戒心が高く，恐怖反応を示す．この「寛容性」がヒトとイヌの共生を始める鍵だったのではないだろうか．上述のとおり，イヌはオオカミの集団から少し変化を遂げた集団として存在し，自発的にヒトの集落に近づいてきた可能性がある．そう考えると，ヒトに対する警戒心，恐怖反応が減弱したのがイヌの始まり，ともいいかえることができよう．

では，日本犬はこのようなイヌの特徴を同じように示すのだろうか．それとも，どちらかというとオオカミ寄りだろうか．日本犬についての行動学的探求はそれほど実施されてきておらず，じつは詳細は不明である．日本犬がネオテニーとしてどこまで変化を遂げているのか，すなわちイヌとして進化家畜化されているのか，というのは大きな課題といえる．ただ，日ごろの日本犬とのふれあい時に感じることは，日本犬ではネオテニーはさほど浸透していないだろう，ということである．子犬や欧米犬が示すような過度の寛容性，たとえば初めて会ったヒトやイヌと平気で遊べる，甘える，というのは日本犬には似合わない．遊びに関しても，どちらかというと狩りに近い，真剣味の入った遊びが多いように思う．さらにネオテニーの強く入った犬種では甘えた声や要求の吠え，というのがみられる．この音声コミュニケーションはイヌ独特であり，オオカミではほとんど認められないが，日本犬はめったにクンクンと甘えて声を出したりしない．知らないイヌと攻撃的に吠え合うことがあっても，飼い主にお願いするような吠えというのもない．独立心と控えめな態度で毅然としているその姿をみる限り，おそらく日本犬ではネオテニーはあまり獲得されていないであろう，と想像される．

目をみて理解する

イヌの行動学研究において，金字塔となったのが 2002 年 “Science” 誌に掲載されたハーバード大学のブライアン・ヘアらの研究である．この研究では，イヌはオオカミと比較し，ヒトからのシグナルを読み取る能力が長けていること，そしてその能力が幼少期からヒトとふれあっていたからではなく，進化の過程で獲得してきた能力であることが示され，たいへん興味深いものである．とくにチンパンジーの研究者からは，ヒトにできて，チンパンジーにできないものが，なぜイヌにできるのか！と驚きの声が上がった．これまでの比較認知科学の領域では，霊長類が特別に高い社会的認知能力をもっており，認知進化の観点から，ヒトを含んだ霊長類のみに認められる特化した能力であると考察されていた．たとえば共同注意という能力がある．これはヒトやそのほか同種の動物がなにをみているのかの視線を追い，自分も同じものをみつめるという作業能力である．これらは餌をみつける，捕らえる，天敵から回避する，などの群れのなかでの情報のやりとりに重要な能力であり，霊長類をはじめとしたいくつかの社会性の高い動物に限られた能力といわれてきた．その一方で，チンパンジーなどでも苦手な作業が知られており，社会的なシグナルに対して理解ができない．たとえば目の前のヒトやほかのチンパンジーが箱のなかに餌を入れ，その箱を目配せして教えても，チンパンジーはその目配せの意味が理解できず，箱を選ぶことができない．このようにヒトからの合図を手がかりに箱を選ばせると，チンパンジーの正解率が 60% くらいしかなかったのに対して，イヌでは 80% 近い正解率が得られた．このことから，イヌのほうがチンパンジーよりもヒトからの視覚情報をもとに箱を選ぶ能力が高い，すなわち視覚認知による社会コミュニケーションがとりやすいということになる．

イヌの訓練にかかわる人たちは，なぜこんな簡単な課題がチンパンジーにできないのか不思議に思うことだろう．ポインティングや指さし探索などは，イヌでは普通に行うことができる．そしてイヌはこの能力を，それほどの訓練なしに自然に備えている．日常のなかでも，ヒトの意図やつぎに行う仕草はいとも簡単にイヌに読み取られていると感じる読者も多いだろう．その能力はじつはイヌに特異的で，オオカミではできないものなのだ．そう，この能力を柴犬を中心とした日本犬は兼ね備えているかどうか，という大きな疑問がもたれる．

イヌとヒトを絆ぐ

イヌはヒトの目をのぞきこみ，どこか子どもっぽい顔やしぐさで，「おやつをちょうだい」，「遊ぼう」，「なでて」といった気持ちを表す．そして多くの場合，飼い主はそれを受け入れることに喜びを感じていることだろう．かくいう筆者もその一人である．このイヌとヒトとの特別な関係性においては，やはり，ヒトの親子間に近いなんらかのシグナルのやりとりがあるのではないか，と考えられる．その生物学的な証として考えられるのがオキシトシンである．オキシトシンは母乳をつくったり，分娩を助けたり，とお母さんのために必要なホルモンである．そのホルモンは脳のなかでも働いて，お母さんの母性を高める作用をもつ．それだけでない．相手と親和的な関係をつくる，信頼関係を構築する，相手を助ける，などの高い社会関係性にも関与する．では，イヌとのふれあいや視線によるコミュニケーションは，はたして飼い主のオキシトシン分泌量を上昇させるのだろうか．私たちの研究室で実験したところ，ヒトとイヌが視線を介したコミュニケーションをすることによって，飼い主のオキシトシンが上昇することが初めて明らかとなった．ただ，オキシトシンが上昇したのが４人に１人だったことには留意が必要である．日ごろからイヌと十分にコミュニケーションをとれていなければ，オキシトシンの上昇もみられないということだろう．ヒトとイヌが視線を介してコミュニケーションをじょうずにとることで，絆形成にかかわるホルモン，オキシトシンが分泌される．これはイヌの進化の過程で，ヒトと同じような視線を用いたコミュニケーション能力をもつことでイヌの生存が優位に働いたためであろうか．ヒトとイヌは目と目で絆(つな)がり，おたがいの意図が理解できるよう，収束進化したのかもしれない．

ヒトとイヌがともに進化することで，視線で絆がり，心も絆がったといえるだろうか．日本犬も飼い主との間に非常に密接な信頼関係を築く．そして，欧米犬に比べてもほかのヒトと飼い主の区分が非常に強固に現れるが，ここにはたしてオキシトシンはかかわってくるのであろうか．柴犬も視線を使って飼い主と絆がるのであろうか．じつは現時点では，これらの実験は現在進行形で，私たちの研究テーマでもある．日ごろも自分の飼っているイヌたちの目をみると，イヌの目の奥に，進化の過程で培われてきた心の絆がりがあるせいか，ついつい吸い込まれる気分になるのはほんとうかなと思う日々である．

「日本の犬」という魅力

冒頭にも紹介したが，日本犬には一種独特の個性がある．その立ち姿は勇ましく，凛々しくあり，ほかのイヌを寄せつけない感がある．注意を怠らないかのように前を向いた三角の耳，つねになにか一点をみつめるかのような鋭く細い目，太く力強く巻いた尾，素朴な被毛．柴犬，とくに天然記念物柴犬保存会が大事に維持している柴犬は，縄文時代に発掘されたイヌの骨格を目標として，育種選抜してきているという．また，行動学的にもまるでスタシがみせたような飼い主への忠誠心も大きな特徴の１つである．

厳格であり，物事に動じず，しかも素直で，飼い主には忠誠を誓い，敵には生命をもいとわない．喜びはかみしめ，けっしてうれしくてもはしゃがない．つらくともその気迫の顔面の下にその感情を隠して耐え忍ぶ．おそらくこの日本犬の特性は，日本人とイヌの共生の歴史，そのものといえるだろう．長く培われてきたヒトと動物の関係性，とくにここ日本では，動物はヒトと同等である，という考え方も古くからある．アニミズムから神道，そして仏教へと宗教文化が変化した日本では，国内最古の肉食禁止の記録が『日本書紀』にあり，675 年に天武天皇の勅令により，毎年４月から９月までの期間は牛，馬，猿，犬，鶏の狩猟や肉食が禁じられていた．そのためか動物とヒトの差別的な歴史は欧米に比べて少ないように感じる．江戸時代になっても綱吉が「生類憐みの令」を施行したのは有名である．そのなかではとくに「犬」が対象とされていたが，実際にはイヌだけではなく，ネコや鳥類，魚類・貝類・虫類などの生きもの，さらには人間の幼児や老人にまで言及されている．一般には，綱吉が丙戌年生まれのために，とくにイヌが保護されたのだろうとのこと．もちろんその理由は動物を憐れんで，というものではなかったともいわれており，筆者の見当違いなのかもしれない．このあたりの事実関係に関して本書で深く論じるにはむずかしく，ほかの書に譲るとしよう．

日本と比べ，当時の欧米はキリスト教のもと，人間は特別な存在であり，動物とは一線を画す，というのが重んじられてきた．そのため欧米では，動物はある種，道具的であり，その行動や特性を，選択交配することで操作することには抵抗がなく，役立つイヌの作製が進んだのだろう．このことが，欧米におけるイヌの家畜化を加速させ，最終的にはオオカミとの距離も大きくなったことにつながる．それに比較し，日本人と日本犬とのつきあいは，おたがいを尊重するものだった．そのため，とくに家畜化の過程が進まず，古代犬，つまり初期のイヌの遺伝子をより強く継承している，と妄想的に考えてしまう．

そうすると，日本犬がもつ外見的特性，さらには飼い主との関係性を含んだ行動特性のなかには，イヌがイヌとなったときの源泉がみつかるかもしれない．その源泉を見出せれば，なぜヒトはイヌとともに住むようになったのか，という疑問も自ずと解き明かされるだろう．そういう意味では，日本犬の理解は人間そのものの理解にも近づく，といえるのだ．

この本について

ヒトにとっていちばん身近な動物でありながら，イヌの行動については，まだわからないことがたくさんある．どのような進化の過程で，ヒトとともに生きる道を選んだのか．なぜこれほどまでにヒトの心がわかるのか．イヌの行動のなぞが１つ１つ解明されていくたびに，筆者のなかではイヌたちへのいとおしさが増していくように感じる．その研究の発展のためにも，日本犬の科学的な理解を深め，洞察していくことは必要不可欠と思う．日本犬の理解，さらにその先にはイヌという動物の理解，そしてヒトとの共生を通してみる人間社会の理解，このような学問的意義を含め，これまでの知見を現時点で本書に一度とりまとめ，将来の研究への道筋として提供できればと願う．

まず第Ⅰ部としては，日本犬の行動特性である．イヌとヒトの共生の歴史をひも解くには，行動を抜いては語れない．なぜなら，イヌの寛容性が高まること，さらにはヒトとのコミュニケーション能力を獲得すること，がイヌの進化の選択圧になったことはまちがいないし，家畜化の際の選択基準であったことも容易に想像できる．この推移の過程における日本犬の立ち位置，そしてその行動を司る遺伝子の可能性，が明らかになることで，私たちは「なぜイヌはヒトと共生できたのか」を知ることが可能となるかもしれない．第I部は自治医大の研究員である永澤美保氏にお願いした．永澤氏は2008年から2013年まで私たちのラボに所属し，イヌの行動解析をスタートさせた，いわば日本犬の行動研究の先駆者である．イヌの社会認知研究に加え，ヒトとイヌの絆に関しての知見など，多くの成果を報告されている．ヒトとイヌの共生を成り立たせる行動特性と，その観点からみた日本犬の価値の記載をお願いした．

つぎに，第II部では考古学さらには遺伝学で日本犬の特性をひも解いてみよう．古墳や遺跡から出土した日本犬の特性や時期，さらに現在の最先端の遺伝子解析手法を用いた日本犬の特性，とくにイヌの進化・家畜化を解き明かす鍵となる研究成果に関してまとめてもらった．第II部は私たちの研究室でイヌの進化遺伝子同定を目指して，日本犬の特性を調べている外池亜紀子氏にお願いした．最先端の遺伝子解析技術に関しての記載があり，なかには耳慣れないむずかしい手法が紹介されているが，ここではさほど解析原理を理解する必要はなく，さっと通っていただき，その解析によって得られた結果からわかったことを理解し，読み進めてもらえればと思う．

最後の第III部では，日本犬の歴史と特性を，日常生活のなかからひも解きたいと思う．そもそもどのように日本犬がつくられ，維持されてきたのか，とくにどのような個体が尊ばれ選ばれ，結果として現在私たちが目にする，飼育することができる日本犬となったのか，という視点は，日本犬の研究においても最重要課題である．この背景が理解できなければ，たとえ遺伝子の特性や行動の変化が見出されたとしても，ヒトとの共生生活における意義は理解できないだろう．日本人と日本犬の生活はどのようなものだったのか．第III部は天然記念物柴犬保存会で，長い間柴犬を中心に日本犬の推移やその飼育のされ方，選ばれ方を実際に経験されてきた黒井眞器氏にお願いした．黒井氏は昭和から現在に至るまで，柴犬の変化や維持の推移を実際に観察，体験しておられるたいへん貴重な方である．渋谷でハチを自分の目でみられた経験もおもちとうかがった．このような観点から，日本犬の特性とそれに至る歴史的背景に関してのパートとなる．

筆者の目からみると，現在の日本における最適な方々の協力を得ることができたことは，ほんとうに幸運であった．まだまだ不勉強の菊水が序章と終章で，わがままな意見を述べることになるが，その夢的な発想の背景に，この３つの部があることをぜひご理解いただきたい．

では最初に，イヌとヒトの共生を支える認知機能，行動の理解とその背景にある日本犬の価値，についての第Ⅰ部の扉を開いてみよう．

I
行動

永澤美保

イヌの家畜化の経緯はいまだ明らかにはされていない．しかし，従来の考古学研究に加えて，最新の遺伝子研究の成果によりイヌとオオカミが共通の祖先をもつことが示された．特定されるには至っていないものの，イヌの分岐時期やイヌの発生地域の候補が絞られつつあり，なかでも東アジアは有力な候補としてあげられている．また，東アジア原産の犬種が遺伝的にオオカミにもっとも近いこともわかり，欧米のイヌ研究において柴犬や秋田犬は東アジアを代表するイヌとしてしばしば取り上げられるようになった．私たち日本人にとって日本犬は非常に身近でありつつも，その行動は若干“手に負えない”ことがある．一度でも日本犬に接したことのある人ならばだれでも，柴犬は一般的にみられる欧米犬種とは一線を画した性質という印象を抱くであろう．その行動の特異性は，オオカミとの遺伝的な近さに起因するのかもしれない．すなわち，日本犬は行動や気質的にも原始に近い特性を保持している可能性が高く，考古学研究や遺伝子研究による「いつ」，「どこで」に加えて，「どうやって」イヌが家畜化されてきたのかをたどるための重要な生物資源になりえるのである．しかし，日本犬の特異性はまだ科学的な対象として正当に評価されているとはいいがたい．その行動はいまだ記述的なものが多く，実験的手法を用いたデータはあまりみあたらない．そこで，第I部では，行動学的側面からイヌおよびイヌ科動物について概説したうえで，今後日本犬の価値をどのように見出すべきかについて検討していきたい．

1 イヌはどうやって生まれたのか

1.1 イヌ科動物について

およそ6000万-4000万年前に存在した小型捕食獣のミアキスはすべての肉食哺乳類の祖先と考えられており，そこからイヌ科，ネコ科，クマ科動物が分岐し，キノディクティスを経てトマルクタスが現れた．ミアキスやキノディクティスは樹上生活を送っていたが，トマルクタスは地上に下り，現在のイヌ科動物と同等の生活パターンを送っていたとされる．トマルクタスが現存のイヌ科動物の共通の祖先になったと考えられている．現存するイヌ科動物のうち，35種が少なくとも1000万年前には分岐したとされ，最新の遺伝子解析の結果により，おもにアカギツネ型クレード，南アメリカクレード，オオカミ型クレード，シマハイイロギツネ型クレードの4つに分けられている（図1.1; イヌ科動物の93%は前者3クレードに含まれる）．イヌはオオカミ型クレードに含まれ，ハイイロオオカミ，コヨーテ，ゴールデンジャッカル，エチオピアオオカミなどのイヌ属と繁殖可能である．

イヌの祖先種についての論争は長らく続いており，イヌの骨がユーラシア大陸からしか発見されないことから，オオカミかジャッカルがイヌの祖先だと考えられてきた．コンラート・ローレンツは1963年に出版された著書において，イヌの祖先をオオカミとジャッカルの2種類であるとし，その由来にもとづいて犬種の気質が異なると主張していた（1975年にジャッカル説を撤回）．しかし，カリフォニア大学のヴィラらによって1997年に報告されたミトコンドリアDNA解析の結果から，すべてのイヌはオオカミと共通の祖先をもっており，ジャッカルとはそれ以前に分かれたことが明らかになっ

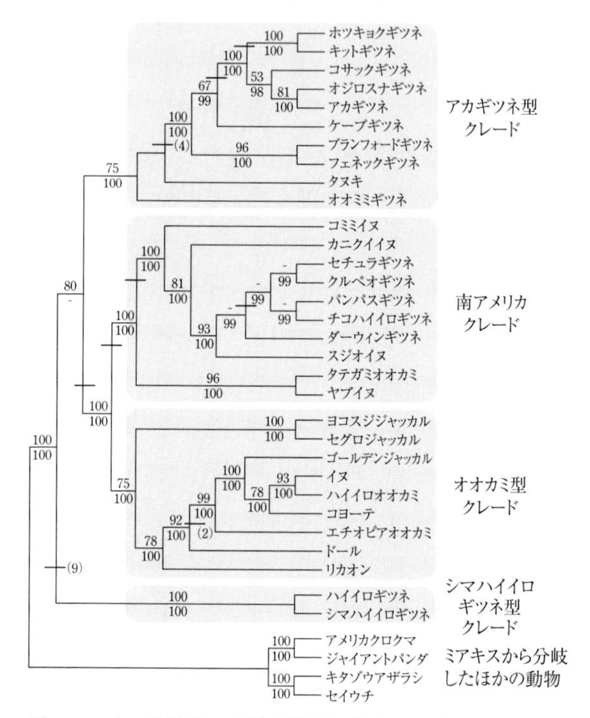

図 1.1　イヌ科動物の分岐系統図．数字は分岐の信頼性を示す．上はブートストラップ値，下はベイズ事後確率値（Lindblad-Toh *et al.*, 2005 より改変）．

た．また，イヌとオオカミの遺伝子配列には大きな違いは認められず，生物学的に両者は同じ動物種であることが示された．さらに，2014年にはカリフォルニア大学のフリードマンらが，現在のオオカミがイヌの直接の祖先ではなく，オオカミとイヌとの共通の祖先がほかに存在していた可能性を示した．イヌへの分岐は異なる地域で多発的に生じたというよりも，1カ所で生じたと考えるほうがふさわしいと考えられている．

1.2　イヌの社会性の起源

イヌとオオカミが共通の祖先をもつことは明らかであり，両者の比較はイヌの進化・家畜化の経緯を探るうえで重要である．しかし一方で，多くのイヌ科動物のなかでなぜオオカミであったのかという疑問は残っている．なぜならば，イヌとヒトとの共生の要因としてあげられる協調的行動はオオカミに限らず，イヌ科の動物に広く認められるからである．イヌ科動物はおよそ4000万年前にほかの哺乳類から分岐したが，その時期に地球環境の大規模な変化と，イヌ科動物の脳サイズの拡大や前頭前皮質の拡大などの脳の構造の変化が生じていることがアテネ大学のリラスらによって示唆されている．このような脳サイズの拡大はエネルギーコストの増大をもたらすが，その適応的利点としてイヌ科動物における集団による協力行動の促進が考えられる．イヌ科動物に共通する協調的行動の代表として，以下のようなつがいの絆形成および集団による子育てと集団の狩猟行動があげられる．

（1） つがいの絆形成と子育て

オスとメスが複数回の繁殖サイクル（あるいは一生涯）にわたって特定の相手のみと交配する関係が構築されることを，つがいの絆形成という．このような一雄一雌制の繁殖システムをとっている種は哺乳類では5% にすぎない．プレーリーハタネズミは生涯同じ相手とつがい，出産後はオスも子の養育を行う．そのため，つがいの絆形成メカニズムに関する研究のよいモデル動物となっている．エモリー大学のヤングらが乱交型の交配形態をとる近縁種のモンタナハタネズミとプレーリーハタネズミの中枢を比較したところ，特定の部位におけるオキシトシン受容体の分布が異なっていた．また，中枢でのオキシトシンとその受容体の結合を阻害するとつがいのパートナーに対する嗜好性が消滅する，あるいは反対にオキシトシンを投与することでパートナーでない相手にも嗜好性を示すという現象が確認されている．オキシトシンは分娩時の子宮収縮や泌乳の促進などの機能が知られていたが，近年ではつがいや母子のような社会的関係を調整する機能があることもわかってきた．イヌ科動物の多くはつがいの絆を形成するが，種内での繁殖形態の違いは生息環境に依存するらしく，ブリストル大学のバーカーらやアルバータ大学のカーマイケルらの調査によると，アカギツネやホッキョクギツネは一雄一雌制から一雄多雌制へと変化することがある．

イヌ科動物は母親以外も養育行動に参加するケースがみられる．ハイイロオオカミやセグロジャッカル，アカギツネ，コヨーテなどでは，出産後にオスがつがいのメスや子のために吐き戻しなどによって食糧を運ぶ．また，成熟後も親のもとにとどまっている個体がヘルパーとして子の世話に参加することも多くの種でみられる．ヘルパーは両親の留守中の見張りや餌運び，グルーミング，遊びなど子の成長に必要な役割を担う．プレーリーハタネズミと同様に，イヌ科動物の繁殖や子育てのシステムにもオキシトシンが関与している可能性があるが，現時点ではイヌ科動物の繁殖や子育てシステムを分子レベルから比較した研究はみられない．

（2） 群れによる狩猟行動

イヌ科動物の狩猟は，単独で昆虫や小動物をとらえるものから，つがいを中心にしたもの，さらにその子たちや非血縁の成熟個体が加わった群れによるものまで多様である．オオカミやドール，リカオンなどは巣に残って子を守るヘルパーを含めて，きわめて協力的な狩猟行動を示す．未成熟個体へ餌が優先的に分配され，狩猟に参加できなかった群れの個体や負傷している個体へも獲物の分配が許されたケースも報告されている．最適な群れのサイズは獲物の大きさに依存するといわれているが，群れによる狩猟では，集団サイズが大きくなることでフリーライダーの問題が生じ，狩猟の成果が減じることとなる．一方で，ミシガン工科大学のブセティッチらによる報告では，ハイエナなどの腐肉食動物が存在する場合は，集団サイズが大きいほど狩猟の成功率が高くなっている．

イヌの進化・家畜化の最大の要因としてオオカミの群れにみられる協働性があげられる．もともと集団で協力する習性をもつため，異種であるヒトとも協調できたのではないかという考え方である．しかし前述のように，子育てや狩猟での協力行動はイヌ科動物に広くみられる特徴であるといえる．後述するギンギツネの家畜化実験では，ヒトをこわがらず，攻撃性を示さない個体を選択交配した結果，わずか6世代目にはヒトになつく個体が出現し，9世代目に折耳などの野生ではみられない形態の変化がみられるようになった．すなわち，オオカミ以外のイヌ科動物のいずれも「イヌ」になる可能性をもっているということになる．ただし，ロシアの遺伝学者のベリャーエフやトルートの研究では，生後2–2.5カ月のギンギツネのうち，ヒトをこわがったり攻撃性を示したりしない個体の割合は10% 程度だったのに対して，動物文学作家でもあった戸川幸夫によると生後2カ月のオオカミの半数はヒトに親和的であることから，イヌとオオカミの共通の祖先種の段階でほかのイヌ科動物となんらかの気質の違いが存在した可能性は高い．

1.3 ヒトとの出会い

イヌの起源についていまだ不明な点は多いものの，イヌという種にとっての最大のできごとはヒトとの出会いであろう．ローレンツは『人イヌにあう』の第1章でヒトとイヌとの「事の起こり」を詳細に想像している．現在ではヒトが野生動物を飼い馴らしたという説は単独では排除されつつあるが，たとえイヌがヒトとは無関係に祖先種からの突然変異によって生じたとしても，その後ヒトとの出会いがなければ，厳しい自然のなかで淘汰されていたかもしれない．

（1） イヌの家畜化の時期

第II部でイヌの家畜化に関する考古学および遺伝子解析による研究成果が詳細に述べられているため，本節では簡単にまとめてみる．2011年に，ロシア科学アカデミーのオヴォドフらによって，ロシアのアルタイ山脈に位置するラズボイニクヤ洞穴で3万年前の地層から発掘されていたイヌ科動物の骨がイヌのものである可能性が発表された．およそ3万3000年前のものと推定されている．それまでは約1万4000年前にドイツのオーバーカッセルの遺跡で発見されたものが最古のイヌではないかといわれてきた．また，イスラエルのアイン・マラハ遺跡では，1万2000年から1万年前の子犬の骨格がみつかっている．これらはちょうど更新世の氷河期の終わりにともなう気候変化によって狩猟採取から農耕に少しずつ移行し，ヒトが定住を始めた時期のものと考えられている．

そこからイヌの祖先種（あるいはイヌのプロトタイプ）はヒトの集落の周辺に暮らし，残飯や排泄物を漁る一方で，番犬としての役割を果たしたという共利共生の形がみえてくる．アイン・マラハ遺跡の子犬はヒトと一緒に埋葬されており，横たわったヒトの手が添えられていた．このことから，ヘブライ大学のデイビスらはこの時期にはすでにイヌがヒトにとって特別な存在になっていたと推測している．さらに想像をたくましくしていくと，腐肉食動物として集落のまわりに暮らしていた動物のなかから穏やかな気質の個体がしだいに受け入れられ，ヒトとある種の絆を築いていったと考えることもできるだろう．しかし，ロンドン自然史博物館のクラットン=ブロックによると，家畜化されたイヌの頭蓋骨はオオカミとは幅と厚みの割合が異なり，歯のサイズも減少していることが報告されているが，それでもオオカミとイヌとの判断が困難なケースもある．そのため1万4000年前以前にもイヌが存在した可能性は十分あった．2011年の報告によって3万年以上前の更新世の狩猟採取時代にはすでにイヌが飼育されていた可能性が示されたことにより，イヌがどのようにヒトと出会ったのか，ヒトがイヌに求めた役割やそれを支える行動や気質がなにであったかを推測する新たな材料が加わったといえるだろう．

（2） ヒトの移動

ここでヒト側の進化についても簡単にふれておきたい．科学ジャーナリストの河合信和によると現生人類のホモ・サピエンスはアフリカ南部にて20万年前に出現したとされている．およそ10万年前にアフリカ大陸を出て（12万年前から4万5000年前の間に数回にわたり移動したとされる），中東を経由してヨーロッパに4万5000年前ごろ進出していった．東に向かった人類は4万-3万年前に東アジアに，南方では氷河期の間に陸続きとなっていた東南アジアからオーストラリアに到着した（5万-4万年前）．東アジアからさらにベーリング海峡を越えて1万3000-1万2000年前に南北アメリカ大陸に渡った．メラネシア，ポリネシアを経てニュージーランドにたどり着いたのは1000年前とされており，これで地球上のほぼすべての地域にヒトが到達したと考えられる．ホモ・サピエンスがほかの人類と一線を画し，これほどまでに繁栄した要因はいくつかあげられているが，そのなかの1つが喉の構造の変化による発声だといわれる．発声が容易になったために言葉が生まれ，抽象的な思考や情報の伝達が可能となり，結果的に複雑な社会を構成することができるようになったと考えられる．

一方，ホモ・ネアンデルターレンシス（以下，ネアンデルタール人）はホモ・サピエンスの近縁種である旧人であり，その祖先は47万年前，あるいは44万-27万年前に分岐したと考えられる．ネアンデルタール人は2万8000年前に絶滅するまでユーラシア大陸に暮らしていた．今までホモ・サピエンスとネアンデルタール人の交雑はなかったとされており，言語の発達にかかわる遺伝子の変異や道具の使用などの点でホモ・サピエンスよりも劣っていたネアンデルタール人がしだいに追いやられていき，最終的に絶滅したといわれてきた．しかし，2010年にマックスプランク進化人類学研究所のグリーンらによってネアンデルタール人の全ゲノムが解読され，ホモ・サピエンスとネアンデルタール人が遺伝子を共有していることがわかってきた．さらにアフリカ人を除く現生人類が平均2% のネアンデルタール人の遺伝子をもっていることも明らかになってきた．つまり，両者は従来いわれていたほど異質なものではなく，ある程度の共存関係であったと考えられる．2014年にはオックスフォード大学のハイアムらによるネアンデルタール人とホモ・サピエンスのそれぞれの文化を代表する石器の詳細な分析によって，4万5000年から4万年前に両者が隣り合って生活していたことがわかった．さらに，フランスでネアンデルタール人の骨が発見された同じ地層から，高度な加工が施された装飾品がみつかり，また同じくフランスのペシュ・ド・ラゼ洞窟からはクレヨン状のものが多数発見され，ネアンデルタール人が今まで考えられていたような「野蛮人」ではなく，抽象的な思考能力をもつ可能性も示されてきた．

（3） ヒト，イヌに出会う

以上のヒトの動きとイヌの家畜化を重ね合わせてみたいと思う．イヌが単一の場所で出現したことはそろそろ統一見解となりつつあり，出現場所については，東アジア，中東，ヨーロッパの3つの説があげられている（詳細については第II部を参照）．農業とヒトの定住が始まった1万年前には，イヌはすでにヒトによって飼い馴らされていたと考えてよいだろう．考古学および遺伝子研究からは3万3000年前にはイヌが存在していた可能性が示されているが，それ以前にイヌが存在したという確かな証拠はみつかっていない．現生人類がアフリカを出たのは遅くとも5万年前だといわれており，またアフリカにオオカミが存在した形跡がみられないことからも，少なくともヒトとイヌが出会ったのはユーラシア大陸であると考えられる．また，従来の説だとイヌの家畜化はおよそ1万5000年前と考えられ，その当時はすでにネアンデルタール人は絶滅したと考えられるため，イヌは現生人類によって飼い馴らされたとされていた．しかし，前述のとおり，ネアンデルタール人とホモ・サピエンスがある程度共存していた可能性がある時期にすでにイヌが存在したならば，イヌの家畜化がいつ，どこで，に加えて，だれによって行われたのかという新たな疑問も生じてくる．

イヌの家畜化に関して提唱されている理論はエトヴェシュ・ロラーンド大学のミクロシによって以下のようにまとめられている．まずは，「個体ベースの選択」理論である．ヒトが定期的に巣穴からオオカミの子を連れ出して飼ったことに由来し，ヒトによく馴れる気質の個体を何世代にもわたって選んできたというものである．つぎに考えられるのは，ヒトが新たに生み出した余剰食物をオオカミの個体群が利用することで行動や形態，生理学上の変化が起き，残りの野生の個体群から隔離された，あるいはすでに腐肉食の生活スタイルをもつイヌ科動物がヒトの共同体とかかわりをもち，その食物を利用するようになったという「個体群ベースの選択」理論である．一方，ヒト側の観点から，「人間集団に対する選択」理論や「文化・技術的進化」理論も呈示されている．前者はイヌやオオカミと関係を築くことができたヒト集団は狩猟の成果や居住地の安全を得ることができ，ほかの集団よりも優位に立つことができたため，イヌの家畜化が促進されたというものである．後者は新石器革命の急速な技術的進歩にともない，ヒトが用途に合わせてイヌを選択したことが現在のイヌの多様化につながるという説である．これらの説については，いずれかが単独で起きたと考えるのではなく，時期や地理的条件などによる程度の差こそあれ，それぞれ家畜化の過程を説明するものとしてとらえるべきであろう．では，いずれの説においてもイヌはヒトと特別な関係を構築することが必要となるが，その関係構築を可能とした要因はなにであろうか．それを説明するものして「ヒトとイヌとの収斂進化仮説」が提唱されている．この仮説に関しての詳細は次章で紹介する．

2
ヒトとイヌとの収斂進化仮説

前章では，イヌがどのように生まれたのかについて考古学および遺伝子研究の成果をもとに概説した．この章では，現在のイヌやイヌ科動物の行動実験をもとに導かれた非常に興味深いイヌの家畜化仮説を紹介する．ハーバード大学のヘア（現在はデューク大学）らによって提唱されたこの仮説は，イヌがもつヒトに似たコミュニケーション・スキルは気質の変化の副産物として獲得されたものであるとし，同じニッチ（生態的地位）を共有しているヒトにも同様の変化が生じていたというものである．この仮説はヘア自身が2002年に発表したイヌの卓越したヒトのコミュニケーションの理解能力がもとになっており，これ以降，ヒトとの特異的な関係を支えるイヌの社会的認知能力の研究がさかんになってくるのである．

2.1　収斂進化とは

収斂進化とは，異なる系統樹において進化を遂げた複数の生物種が，同じようなニッチや生活環境下で淘汰を受けることによって，その生物種の遺伝的背景にかかわらず，身体的あるいは行動的特徴が似通った姿に進化する現象のことをいう．つまり，同じような生活をする動物種では，その環境で生き抜くために有利な形態や生理が同じように選択され，その結果，似た姿や形態に進化するということである．収斂進化では，本来は異なった起源である器官が結果的に似たような機能と形状をもち，これらは相似器官とよばれる．わかりやすい相似器官としてあげられるのが，昆虫の翅と鳥類やコウモリの翼である．どちらも移動のために空を飛ぶことを目的としているが，器官としては明らかに起源が異なる．さらに，鳥類と哺乳類であるコウモリの翼はいずれも前肢が起源であるが，前者は肢全体，後者は指間の膜である．また，有袋類と有胎盤類の間にも形態的な相似が多くみられることはよく知られているが，JT 生命誌研究館の宮田隆によると，たいへん興味深いことに，有胎盤類の内部でも大陸内において適応放散と収斂進化が頻繁に起こると同時に，大陸間でも収斂進化が起きた可能性があるのではないかという．これは近年の分子進化学の成果をもとにしたものであり，なぜ収斂進化がこのように頻繁に生じたかについては，収斂進化という現象を分子レベルにおいてとらえなおす必要があるとしている．

2.2 ヒトのジェスチャーの理解

エモリー大学で霊長類研究に携わる学生であったヘアがヒトとイヌとの収斂進化仮説を提唱することになるきっかけは，彼の愛犬オレオとの遊びについてのほんのひとことであったという．イヌの飼い主ならばだれもが当然知っていることだが，ラブラドール・レトリーバーのオレオはボール遊びが大好きであり，飼い主が投げたボールの行方を指さしによって理解して拾ってくることができる．しかし，この「当然のこと」は認知心理学の権威であり，ヒトの起源を研究していたトマセロにとって青天の霹靂であったらしい．なぜならば，ヒトともっとも近縁であるといわれているチンパンジーは，高度な知能を有するにもかかわらず，ヒトの指さしを理解することができなかったからである．トマセロはヒトと大型霊長類を分岐させたものは，他者の意図理解などの認知基盤の違いであると考えていた．そこでヘアは非常に簡単な実験によって，イヌがヒトに似たコミュニケーション能力を進化の過程で獲得した可能性を示したのである．

（1） イヌの指さしジェスチャーの理解——チンパンジーとの比較

ヘアの用いた実験は以下のとおりである．まず，伏せた不透明なカップのなかに餌が隠されており，それをみつけたら報酬がもらえることをイヌに理解させる．イヌが理解できたら（鼻で突くなど餌をねだる行動を示す），同じカップを２つ伏せて，イヌにみえないように衝立で隠して，いずれかのカップに餌を入れる．衝立を取り除いたあと，指さしなどの合図で餌が入っているカップをイヌに知らせる．その後イヌを自由にし，餌の入っているカップを選択させる．餌の入ったカップを選んだら正解とし，カップに入った餌を報酬として与える．餌の入っていないカップを選んだ場合は不正解とし報酬は与えない．

餌の入っているカップを知らせる合図は，①イヌをみたあとに正解のカップをみつめながら（gaze），指でカップを示し（point），指でカップをトントンとたたく（tap），②イヌをみたあとにカップをみつめながら，カップから 15 cm ほど離して指で示す，③イヌもカップもみずに視線は正面に向けたまま，カップから 15 cm ほど離して指で示す，の 3 つの組み合せを用いてそれぞれ 36 試行，さらに匂いを手がかりにしていないことを示すために，視線や指さしなどの合図をまったく示さずに 36 試行を行った（④ control，図 2.1）．

その結果，イヌは 3 つの組み合せすべてにおいて統計的に有意にヒトの合図にしたがって正解のカップを選択した（図 2.2A; なにも合図を示さないときは偶然でしか正解のカップを選ぶことができなかった）．このような指さしの理解は，ヒト幼児においては 8 カ月齢あたりからみられ，他者の意図が理解できるようになる段階であることを示す．一方，チンパンジーはヒトが合図を用いても，偶然以上の確率で正解のカップを選ぶことができなかった（図 2.2B）．このことから，イヌのほうがチンパンジーよりもヒトからの視覚情報をもとに箱を選ぶ能力が高い，すなわちヒトのコミュニケーションを読み取ることができるということが考えられる．さらにイヌは，指さしではなく，視線だけの高度な指示も理解できることもわかった．

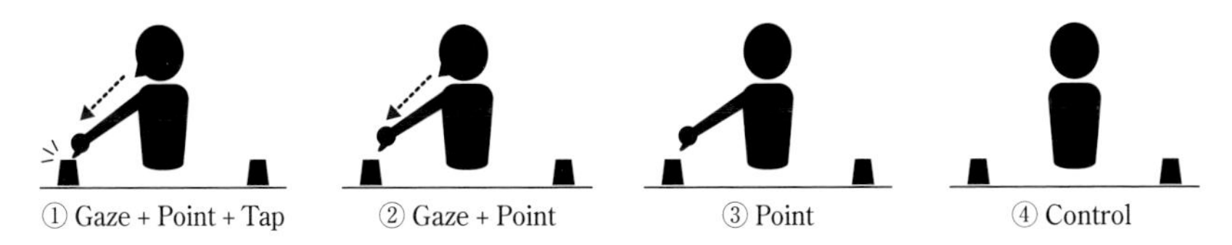

図 2.1 ヒトのジェスチャー理解の実験．みつめる（gaze），指で指し示す（point），指でトントンとたたく（tap）の 3 つの合図を用いた．

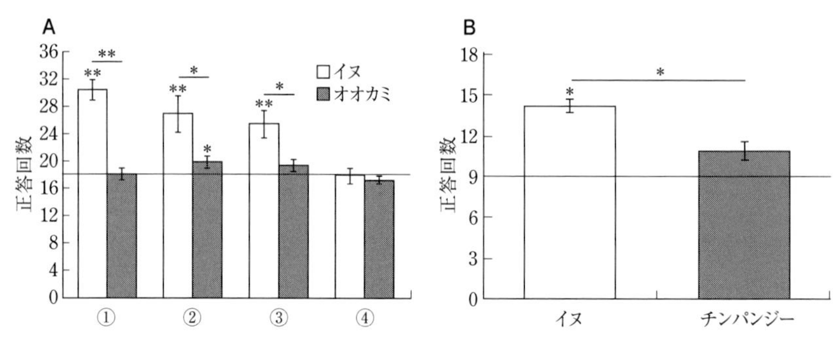

図 **2.2**　ヒトのジェスチャー理解の実験の結果．A：イヌとオオカミの比較．①-④は図 2.1 に同じ，B：イヌとチンパンジーの比較．チンパンジーとイヌの比較実験は，実験者が正解のカップをみつめながら木製のブロックをその上に置くという方法で合図が出された．＊は有意差が 5% 以下，＊＊は 1% 以下を示す（Hare *et al*., 2002 より改変）．

（2）イヌの指さしジェスチャーの理解――オオカミとの比較

イヌがこの卓越した能力をどのように獲得したのかについて，ヘアらは以下の3つの可能性をあげた．1つはイヌ科の動物が他者のジェスチャーの読み取り能力をもともともっているというものである．イヌ科動物は前述のとおり，高度な社会性をもち，統率のとれた群れで狩りを行うことから，リーダーの顔の向きなどに敏感であるといわれている．そのため，ヒトの視線などのシグナルも容易に読み取れると考えられる．2つめの仮説は，イヌは日常生活でヒトと接触する機会がチンパンジーに比べて多いため，学習によってこの能力を獲得したというものである．つまり，ヒトとの接触が少ない個体や幼若個体では，ヒトのジェスチャーを理解できない可能性がある．最後の仮説は，この能力はイヌが進化・家畜化の過程で獲得したもので，ヒトとのコミュニケーション能力に長けた個体が選択圧に耐え，繁殖してきたというものである．この仮説を検証するためには，共通の祖先種をもつオオカミで同じ実験をする必要があった．

ヘアらはまず，ヒトとの日常生活での経験から学習している可能性を排除するために，9週齢，24週齢の子犬，さらに家庭で飼育されている子犬と同腹のきょうだい犬たちと暮らしている子犬（ヒトとの接触時間が比較的少ない）でも実験をしたところ，成犬と同じように正解のカップを選ぶことがわかった．つぎに，オオカミでも指さし二者選択課題を行った結果，ヒトによって育てられ，ヒトとの接触が濃厚であるオオカミでも，チンパンジーと同様に正解のカップを選ぶことができなかった（図 2.2A）．以上のことから，イヌは進化・家畜化の過程でヒトに類似したコミュニケーション能力を獲得したとヘアらは考察している．

（3） 原始のイヌ——ニューギニア・シンギング・ドッグとディンゴ

イヌは共通の祖先種をもつオオカミと比較して，ヒトのコミュニケーションを理解する能力が優れていることがわかった．では，その能力はヒトがイヌを家畜化したあとに，使役犬として利用する過程で選択されたものなのだろうか．その疑問に答えるべく，ハーバード大学のウォッバーらによってニューギニア・シンギング・ドッグとディンゴで指さし二者選択課題が行われた．ニューギニア・シンギング・ドッグはパプアニューギニア原産で，少なくとも 5000 年以上前に野生となった原始犬である．このニューギニア・シンギング・ドッグとレトリーバーなどの欧米犬種とで指さし二者選択課題を行った．その結果，成績は欧米犬種に劣るものの，ニューギニア・シンギング・ドッグもヒトが指で示したカップを選ぶことができた．一方，ディンゴは数千年前にアボリジニとともにオーストラリアに移住したイヌである．移住後に野生化したといわれており，ニューギニア・シンギング・ドッグと同様に数千年もの間，ヒトによる選択が行われていない原始犬と考えられる．ディンゴにもさまざまな方法の指さしや視線による合図を用いた二者選択課題を行った結果，欧米犬種と同様にヒトの合図を使って正解のカップを選択することができた．これらの結果から，イヌのヒトのコミュニケーションを理解する能力は人間による選択を必要とせず，イヌの家畜化の初期段階で獲得されたものであると考えられている．

（4） 使役犬と愛玩犬

イヌはヒトのコミュニケーションを理解する能力を家畜化の初期段階で獲得したと考えられるが，それではその後目的に合わせて作出された犬種間に能力の差はないのだろうか．ウォッバーらはさらに使役犬と非使役犬，遺伝的にオオカミに近いか否かで，シベリアン・ハスキー，シェパード，バセンジー，トイ・プードルの4犬種を選んで指さし二者選択課題を行った．前者の2犬種は使役目的で育種されたものであり，後者の2犬種は使役を目的とはされていない．シベリアン・ハスキーとバセンジーは核DNA解析によって，オオカミに近いことが示された犬種である．これらの犬種で指さし実験の成績を比較したところ，すべての犬種が偶然以上の確率で正解のカップを選択した．さらに，使役目的で育種された犬種のほうが成績がよく，オオカミとの遺伝的距離と成績は関連がなかった．ヘアらはこの結果から，家畜化のかなり初期段階でイヌはヒトのコミュニケーションを理解する能力を身につけたが，つぎの段階ではより使いやすい，コミュニケーション能力の高い個体がヒトによって選択されたと推測している．

2.3　ギンギツネの家畜化実験

では，イヌは家畜化の初期段階でヒトのコミュニケーションを理解する能力をどのように獲得したのか．この問いにヒントを与えてくれるのがロシアで行われているギンギツネの家畜化実験である．遺伝学者のベリャーエフによって1959年から開始されたこの実験はトルートに引き継がれ，家畜化に関連する遺伝子を見出すことを目的に，ヒトを警戒せずになついてくる性質のみを基準にギンギツネを選択交配していったものである．実験に使われたギンギツネは毛皮の生産を目的に飼育されていたものであり，非常に気性が荒く，数世代にわたって飼育しても攻撃性は変わらなかった．そこでベリャーエフは，ギンギツネに手から餌を与えたりなでたりと行動テストを繰り返し行い，ヒトに攻撃を示さない個体を選んで交配を繰り返した．その結果，ヒトとのふれあいを求めるような行動的特徴を示す個体の割合が増え，それにともない身体構造も二次的に変容し，イヌのような個体が出現したのである．

（1）　行動の変化

行動テストは生後2週齢から繰り返し行われ，その間にヒトになついている行動を示した個体は性成熟後の7カ月齢ごろに選定テストにかけられた．テストの結果によって，ヒトに近づいたり手を舐めたりと明らかに親和行動を示すクラスI，ヒトに触られることができ，攻撃性を示さないクラスII，ヒトから逃げたり，触られると噛むクラスIIIに分類し，クラスIの交配を繰り返した（以後，この子孫を「家畜化されたキツネ」という）．第1世代で繁殖に使用することのできた個体は，メスは全体の10%程度，オスは5%以下であった．クラスIどうしの交配を繰り返すうちに，クラスIの性質を示す個体が生まれる割合は徐々に増えていき，10世代目では約18%，20世代目で35%，30世代目で49%となり，2002年の42世代目では70%以上となっている．これらはヒトに対してクンクンと鼻を鳴らして尾を振り，明らかに服従の姿勢をとり，イヌのような行動を示すようになっていた．

（2）形態の変化

ヒトを警戒しないという性質のみを基準にした選択にもかかわらず，家畜化されたギンギツネの形態は二次的な変化を示した．まず，選択交配を始めて第9世代あたりにまだらや額の白い点などの被毛の色の変化が始まった（図2.3）．このような毛色の変化はウマ，ウシ，ブタ，ヒツジ，イヌなどの

図2.3　被毛の色が変化しているギンギツネ（Trut, 2001より）．

ほとんどの家畜でみられる現象である．毛色の決定に関与するメラノサイト刺激ホルモンは情動行動に関与している脳部位に存在する受容体にも作用するため，気質にもとづいた選択交配実験でも，毛色の変化がみられるようになったと考えられる．また，毛色ほどには顕著にみられない変化であるが，同時期に生後しばらく耳の立たない子も現れた．垂耳は，イヌ，ウシ，ブタ，ヒツジの成獣にもみられる特徴である．さらに尾の形状にも変化がみられるようになった．第13世代では尾を巻いた個体が現れ，第15世代にはまれに椎骨の数が減り，尾が短くなる個体が現れた．野生のギンギツネの椎骨は通常14個だが，家畜化されたキツネでは8-9個に減っていたのである．このあたりから頭蓋骨に占める顔の割合が高くなっている．家畜化されたキツネの頭蓋骨の長さは短くなり，幅が太くなっている．その一方で，上顎が短い異常な歯の嚙み合せもみられるようになってきた．これらの変化は次章で述べるオオカミとイヌの違いに類似している．

（3）　生理機能の変化

ヒトになつく性質をもつクラスⅠの選択交配は，生理機能にも変化をもたらした．野生動物は通常年に1回繁殖を行うが，家畜化されたキツネは繁殖シーズン以外でも性行動を示すようになり，発情期が年に2回認められる個体もいた．さらに子の発達速度にも変化がみられる．攻撃性を残したまま繁殖されている野生群と比較して，家畜化されたキツネは聴覚や視覚的反応が初めて確認される時期が早いにもかかわらず，恐怖反応を示すようになる時期が遅く，血漿中のコルチゾール値が最高レベルになる時期も大きく異なっている．コルチゾールはグルココルチコイドの一種であり，ストレスを感じると視床下部，下垂体を経て副腎皮質から分泌されるホルモンである．血糖値や血圧の調整などのストレス状況に対応するために必要なホルモンである反面，過剰分泌は攻撃性や不安行動を増加させたり，免疫力を低下させるなど影響をもたらす．この子のコルチゾール値の違いは，探索行動発現の違いにも関連している．家畜化されていないキツネは，生後45日齢で血漿コルチゾール値が急激に上昇する一方，探索行動の減少がみられた（図2.4A）．それに対して，家畜化されたキツネは60日齢でもコルチゾール値の上昇がみられず，探索行動の減少もみられなかった（図2.4B）．これはストレス応

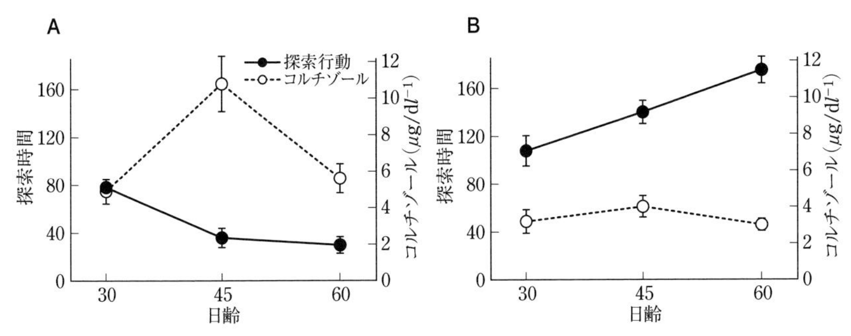

図 2.4　血漿中コルチゾール濃度と探索行動の成長にともなう変化．A：選択交配されずに飼育されている群，B：ヒトに攻撃行動や恐怖行動を示さない性質によって選択交配された群．一般的に恐怖や不安を感じると，コルチゾール濃度が高くなり，探索行動が減少する（Trut, 2001 より改変）．

答の制御機構である視床下部–下垂体–副腎軸の発達の遅れによってコルチゾール分泌が抑制され，不安や攻撃性が低下したためと考えられる．また，毛色に関連するホルモンであるメラノサイト刺激ホルモンとその受容体との結合を阻害するアグチシグナルタンパクは，コルチゾール分泌に必要な副腎皮質刺激ホルモン受容体のアンタゴニストとしても働くことから，攻撃性や不安の低さと毛色の変化は密接に関連しているといえる．コルチゾール値の変化は子だけではなく妊娠中のメスのキツネにもみられ，家畜化されたキツネは野生群のキツネに比べて妊娠中も血漿中コルチゾール値が低くなっていた．妊娠期のメスの高いグルココルチコイド値が胎児に影響し，子の成長後の行動の不適切化につながることはすでにモデル動物で示されていることから，家畜化されたキツネは胎生期からコルチゾールの曝露量が少なく，それも出生後の不安や攻撃の減少につながっていると考えられる．

（4）　認知機能の変化

ヒトに対して攻撃性を示さないという気質という基準のみでギンギツネの選択交配を行った結果，形態や生理機能にまで大きな違いが生じるようになった．これらの変化はオオカミとイヌの間にもあてはまるものであり，このギンギツネの家畜化実験はイヌの家畜化を短期間に再現したものであるとも考えられる．ヘアらはこの家畜化されたギンギツネを用いて，イヌやオオカミと同様に指さし二者選択課題を行った．生後 2 カ月から 4 カ月の家畜化された子ギツネは，ヒトとの接触がほとんどなかったにもかかわらず，イヌと同様にヒトの指さしジェスチャーを理解して餌の入ったカップを選択した．一方で，野生群の子ギツネは，実験前にヒトをこわがらないよう十分馴致したにもかかわらず，チンパンジーやオオカミのように，偶然以上の確率で正解のカップを選択することができなかった．また，２つのおもちゃを呈示し，そのうちのいずれかをヒトの指か羽のついた棒で示した実験では，家畜化された子ギツネは野生群の子ギツネに比べてヒトの指でさし示したおもちゃを好んでふれたという．

2.4 ヒトとイヌとの収斂進化

ギンギツネの家畜化実験は，ヒトをこわがらない気質のみを基準に選択交配を重ねた結果，行動や形態，生理，認知能力にも二次的変化が生じることを明らかにした．このような変化を幼形成熟とする考えもある．これらはオオカミとイヌとの間にみられる違いと非常に類似していることから，イヌとオオカミが共通の祖先種から分岐する際に，ギンギツネの家畜化と同様の選択圧がかかった可能性は十分ある．また，このヒトのジェスチャーを理解する能力は，ほかの家畜でも報告されている．ジャーナリストのラトリフによると，ベリャーエフの研究はギンギツネだけではなく，ラットやミンクでも同様の結果を示しており，恐怖や攻撃性の低下と並行して，ヒトが示すコミュニケーションシグナルの理解が上昇してくることが予想されるが，その背景に存在する共通の遺伝的変異の特定には至っていない．おそらく複数の遺伝子が関与しているであろう．

ただし，指さしジェスチャーを読み取る能力に関するイヌの優位性への反論もあり，議論の余地があるようである．フロリダ大学のユデルらは，オオカミにも同様の能力があることを指摘している．たとえば人間との生活を長く経験したオオカミでは，ヒトのジェスチャー理解の成績が高くなり，逆にシェルターのイヌの成績が低いという実験結果もある．また，霊長類や海生哺乳類でも指さしを理解しているという事例もある．ただし，多くは実験やショーのために訓練を受けている個体であった．これらのことから，イヌのヒトが示すジェスチャーを理解する能力の高さは，遺伝的支配と発達環境の両方が必要であると考えられる.

一方，ヒトはどうであろうか．ヒトはおよそ600万年前にチンパンジーとの共通祖先から分岐し，200万年前に原人，ついでネアンデルタール人などの旧人が生まれ，20万年前に現生人類であるホモ・サピエンスが誕生したとされる．その後，どのようにしてイヌに出会ったかについては第1章で述べたとおりである．ここで注目したいのは，600万年前になにが起こったのかについてである．現在のチンパンジーは前述のとおり，ヒトのコミュニケーションを理解する能力はイヌよりも低いという実験結果が得られている．しかし，これはチンパンジーの社会的認知能力が低いわけではない．彼らは非常に高い能力をもっているが，たとえば自分よりも優位のチンパンジーからはみえない場所にある餌を選ぶなど，同種間での競合の場面で活かされるケースが多いようである．また，チンパンジーのオスはきわめて攻撃的である．群れの外の個体に対する苛烈な攻撃はもちろんのこと，群れ内においても暴力的支配が見受けられる．食糧の積極的な分配は，母子間においても基本的には行わないといわれている．ヒトの歴史は競合的な側面が強調されることが多いが，もともとは協力と分配によってこそ成り立っている社会であるといえる．定住以前は狩猟と採取が分業されていたと考えられ，圧倒的に力の勝る大型哺乳類を対象とした狩猟も，集団の力なしには成果は得られなかったであろう．狩猟の際の非協力や食糧分配時での独占は生じたとしても，そのような個体は結果的には淘汰されたと推測される．それは当然，農業が開始されてからも同じである（農業開始以降の富や権力の独占に関しては，また別の問題としてとらえるべきであろう）.

ヘアらはこのようなチンパンジーとヒトの違いを，オオカミとイヌの関係と同様に「寛容さ（tolerance）」の違いからくるものという仮説を立てている（図2.5)．実際，ヒトは幼形成熟した生物だという説もあり，ヒトの姿はおとなのチンパンジーよりも子どものチンパンジーに似ている．樹上で生活していた霊長類から分岐し，地上に下りたヒトは生きるために「協力し，分配する」という武器を身につけたのであろう．協力と分配の前提に他個体を受け入れる寛容さという気質の変化があったことは想像に難くない．本来，同じニッチで暮らし，同じサイズの獲物を狙うヒトと競合関係にあったオオカミのなかから，なんらかの遺伝的変異によって生じた寛容な個体が，同種

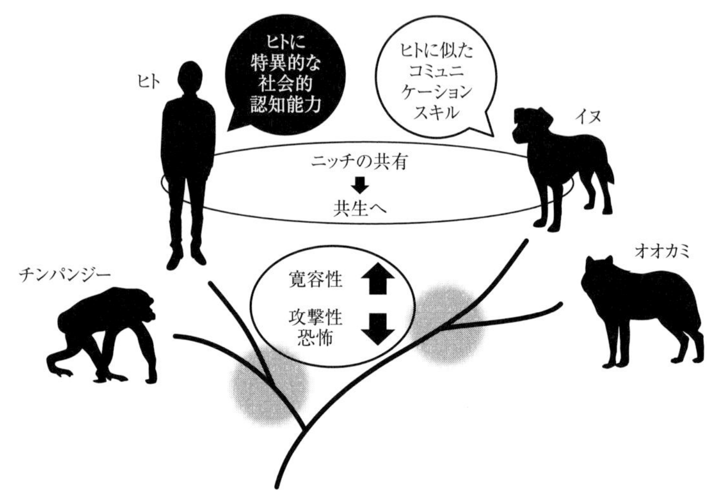

図 2.5　ヒトとイヌとの収斂進化仮説．ヒトとイヌはそれぞれ気質の変化によって祖先種から枝分かれしたと考えられる．

内での絆形成や協力体制を異種であるヒトとの関係にもあてはめ，柔軟なコミュニケーション能力を獲得したのがイヌであり，現代においてはヒトと同様に世界中のあらゆる場所に分布する最大限に適応した動物であるともいえる．ヘアらは，以上のようにヒトとイヌとの間に生じたと想定される変化を収斂進化と位置づけて，イヌのもつ特異的な社会的認知能力の獲得を説明している．

3 オオカミらしさとイヌらしさ

遺伝的にオオカミにもっとも近い原始的なイヌという位置づけで日本犬が注目されるようになってきたのはここ数年のことであり，他犬種との比較研究はまだ途上であるといえる．日本犬はその行動特性もオオカミに近いと考えられるため，日本犬の理解のためには，まずはオオカミとイヌの違いを把握する必要がある．現在，イヌの学名はオオカミの亜種であることを示す *Canis lupus familiaris*（オオカミの学名は *Canis lupus*）とオオカミと別種とする *Canis familiaris* が並行して用いられている．遺伝的にはオオカミとイヌを識別する遺伝子マーカーの候補が見出されつつあり，さらに形態学および解剖学的特徴には明らかな違いがみられる．一方，多様な犬種にオオカミの行動や形態のさまざまな表現型が異なる強さで引き継がれており，オオカミとイヌを明確に線引きすることは非常にむずかしい．本章ではオオカミとイヌとを比較した研究をいくつか紹介したうえで，犬種によるオオカミ様行動の表出の違いについて述べる．また，最後にアンケート調査によって得られた日本犬の特徴や問題点についても紹介したい．

3.1 オオカミとイヌの違い

（1） 形態的違い

ロンドン自然史博物館のクラットン＝ブロックによると，全体的にイヌはオオカミより体が小さくなっており，これは家畜化のかなり初期の段階で生じた変化だとしている．この現象はほかの家畜動物にもみられ，飼い馴らし

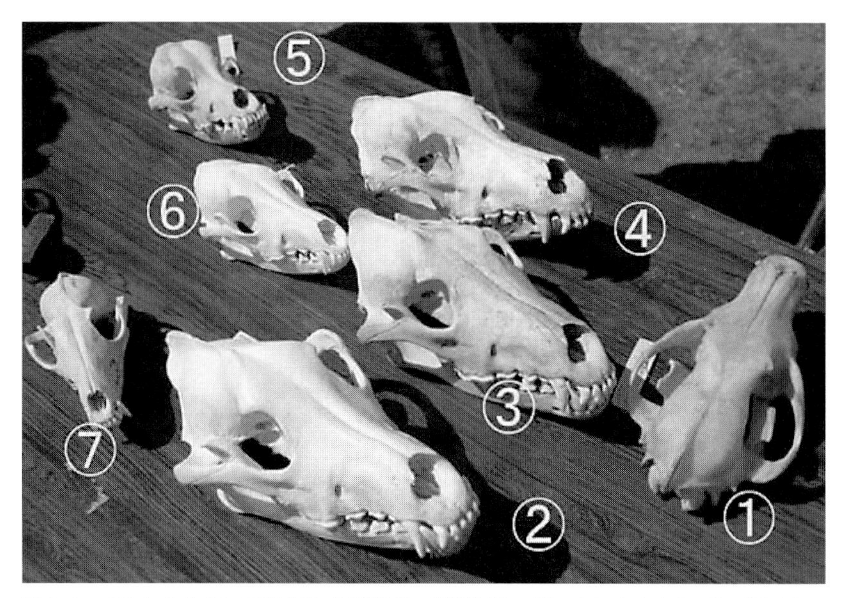

図 3.1 イヌとオオカミの頭蓋骨（写真提供：宮崎学氏）．①ニホンオオカミ（レプリカ），②北アメリカのシンリンオオカミ，③モンゴルのソウゲンオオカミ，④シェパード，⑤日本犬系の雑種，⑥，⑦縄文犬．

による食生活の変化が原因ではないかといわれている．頭部にも大きな変化がみられる．頭骨の口吻部や顔面部が短くなり，その結果，上顎の大きさに比べて歯が密集し，相対的に小さくなっている．また，イヌは前頭洞が隆起して額段が深くなり，目が丸みを帯びて，前面に移動している（図 3.1）．幼獣の特徴を残したまま成熟する幼形成熟がイヌにも生じたとする根拠の 1 つは，これらの骨格の変化である．3 万 3000 年前のものとされたイヌと思われる動物の骨格はそり犬に近いものであるが，オオカミのような鋭い歯をもっていたようで，家畜化の程度はまだ低かったと思われる．1 万 2000 年前には，小ぶりの歯をもつ小さな下顎骨や鼓室嚢が縮小した頭蓋骨がみつかっており，9000-7000 年前には，世界中でイヌと思われる化石が発見されている．一方，ハンプシャーカレッジのコッピンガーらによると，現在の犬種間の頭蓋骨の形態的違いは，野生のイヌ科動物間の違いよりも大きい（図 3.2）．つまり，全体的な特徴としてオオカミとイヌを見分けることは容易であるが，ある 1 つの表現型をもってイヌとオオカミ（あるいはそのほかのイ

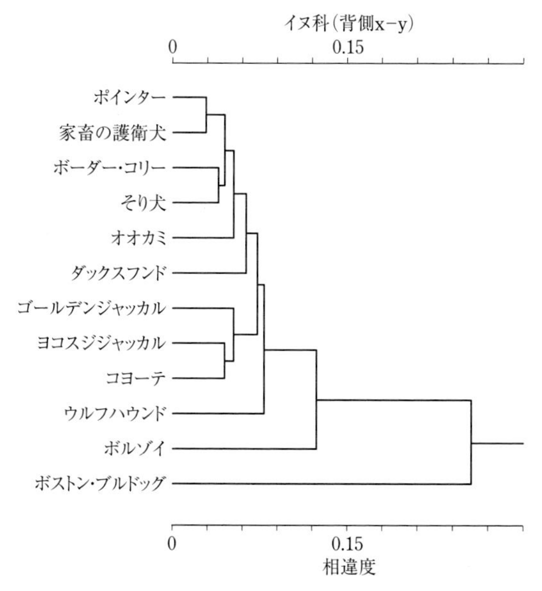

図 3.2　イヌ科動物の頭蓋骨の形態的違い．野生のイヌ科動物との間よりも，イエイヌ間のほうが違いが大きい（コッピンガーとシュナイダー，1999 より）．

ヌ科動物）を分けることはむずかしいかもしれない．たとえば，エトヴェシュ・ロラーンド大学のミクロシによると，オオカミには発現しないものとして，鎌形の尾あるいは巻尾，垂耳があげられるが，これは大部分の犬種にもみられない特徴であるという．一般的に狼爪といわれている第 1 指は，イヌでは退化しているといわれているが，これもオオカミには発現しないものとしてあげられている．尾の付け根近くの背側にある尾腺は，オオカミにはあるが，イヌではないか小さくなっている．スミレ腺ともいわれ，シベリアン・ハスキーなどでよく観察される．

（2）　被毛の色

前章では，被毛の色と家畜化との関連についてふれた．毛色に関連するホルモンとその受容体との結合を阻害するアグチシグナルタンパクは，コルチゾール分泌に必要な受容体のアンタゴニストとしても働くことから，攻撃性や不安の低さと毛色の変化は密接に関連しているといえる．また，チロキシンやトリヨードチロニンといった甲状腺ホルモン系の変化が，形態や人馴れしやすい性質などの家畜化の表現型のほとんどの特徴と関与していることを示唆している．なお，被毛の黒いオオカミはイヌとの交雑によって生まれた可能性が報告されている．北アメリカの黒い被毛をもつオオカミの遺伝子がイヌに由来していることが示されたのである．スタンフォード大学のアンダーソンらは，数千年前にアメリカ先住民が飼育していたイヌと交雑したのではないかと推測している．黒い被毛の発現に関与する遺伝子は，ヒトでは免疫機能にかかわるものであることがわかっており，進化の方向としては逆向きではあるが，家畜化されたイヌとの交雑は遺伝子の多様性に寄与するものであると考えている．

（3） 顔の色彩

イヌ科動物では，とくにオオカミなどの群れを形成する種が，キツネのような単独で生活する種よりも表情を使ったコミュニケーションを頻繁に用いる．口角の形，額やマズルの皮膚のしわ，目の形などで情動を判断することができる．われわれが思っている以上に，繊細な視覚による社会的情報のやりとりを行っているようである．京都大学野生動物研究センターの植田彩容子らは，オオカミが視線を使ったコミュニケーションを用いている可能性を

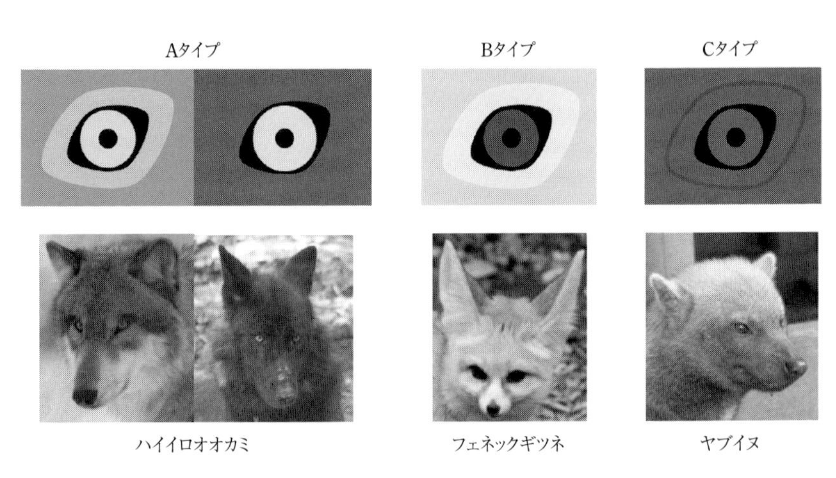

図 3.3 Aタイプは目の位置と瞳孔まではっきりしている．Bタイプは目の位置だけがはっきりわかる．Cタイプは目の位置自体もわかりにくい（Ueda, 2014 より改変）．

イヌ科動物の顔の色彩を比較することによって示している．イヌ科動物の目の周辺の色彩パターンは3タイプに分類することができ，オオカミでは虹彩が明るく，中心の瞳孔がめだっている（図3.3）．ヒトの白目にあたる強膜は隠れており，目は黒く縁取られていることからも瞳孔の位置が強調され，視線がめだちやすくなっている．一方，虹彩の色が濃いタイプ，あるいは虹彩も目の周辺も色が濃いタイプは，単独行動や群れを形成しても協力して狩りを行わない種にみられる．オオカミとフェネックギツネ，ヤブイヌのそれぞれのタイプに属するイヌ科動物で，仲間への凝視行動を比較したところ，オオカミがもっとも長くみつめることがわかった．以上のことから，視線が強調されるタイプは，社会関係のなかで視線を手がかりとしたコミュニケーションを行っていることが示唆された．近年，ヒトとイヌの調和のとれたコミュニケーションが注目されつつあり，イヌの特異性が強調されているが，このようなイヌ科動物の特性が下地となっているのであろう．

3.2 行動の違いに関する研究

ローレンツは家畜化にともなう行動の変化について，①摂食や交尾などのもっとも原初な内発的刺激産出における量的変化，②家族結合，育子，防衛などの細かく分化した新しい行動様式の欠落，③社会的反応の欠落，の傾向があると指摘している．しかし，オオカミとイヌの行動の比較は非常に困難である．一般的にイヌのオオカミとの行動の違いは，発達の速度が遅い幼形成熟，あるいは形質が遅れて現れる後発現によるものと説明されることが多いが，キール大学のペーターセンの調査により，次節で述べるとおり，異なる発現時期を示す行動形質の割合には，犬種間で明らかな違いがあることがわかった．つまり，イヌとオオカミの行動の違いとして特定の行動をあげることは不可能だと考えられる．ミクロシは，さまざまな犬種や雑種犬などの行動観察を行った研究から，イヌの行動はオオカミの行動パターンのある種の構造をモザイク状に表していると推測している．また，比較の困難さはオオカミ研究の手法にもある．本来の行動を発現させるためには自然下での観察が望ましいが，広範な行動範囲をもつオオカミの行動を詳細に観察するためには，飼育下に置くという方法もとらざるをえない．一方で，社会行動をイヌと比較するには，ヒトとの生活で行われる社会化を考慮に入れる必要も生じるだろう．なにを比較したいかによって，両者の飼育環境を統制しなければならない．

イヌとオオカミの飼育環境を統一することで，両者間の進化的違いを見出そうと試みた研究はいくつか行われている．1960年代に，キール大学の動物科学研究所において，ヘレと，その後ペーターセンによって，脳のサイズや被毛などの形態の遺伝的特徴についての研究のために，オオカミとスタンダード・プードルが研究所のなかで群れで飼育された．キール大学のツィーメンはこの機会を使って，これらの行動を調べ，さらにオオカミとスタンダード・プードル，そしてその間に生まれたF_1をヒトの手で育てて，ヒトに対する行動を母親が育てた場合と比較した（これらの行動解析は，その後ペーターセンに引き継がれた）．また，1979年から1981年の間，ミシガン大学ではフランク夫妻が4頭のオオカミと4頭のアラスカン・マラミュートをまったく同じ環境で育て，行動と認知の観点からオオカミとイヌを比較する研究を行った．最近では，エトヴェシュ・ロラーンド大学のファミリー・ドッグ・プロジェクトやオーストリアのウルフ・サイエンス・センターでも，オオカミとイヌの生育環境を統制した研究が行われている．

（1） 行動の比較——オオカミとスタンダード・プードル

ツィーメンは10頭のオオカミと15頭のスタンダード・プードルで行動の比較を行った．すべてのオオカミと3頭のプードルは生後1-3週間で母親から引き離され，ヒトによって飼育された（ヒトに完全に馴れたオオカミは6頭）．観察の結果，プードルの行動様式の多くは，形のうえではオオカミのものと同じか非常によく似ているが，相当数のものは変形として現れることがわかった（表3.1）．また，プードルではまったく観察されないオオカミの行動もいくつかみられた．ローレンツが示しているとおり，原初的な行動であるメスプードルの性行動は明らかに増大しており，プードルの社会行動様式は減少していた．視覚に訴える信号表出行動の変化あるいは消滅が著しく，被毛や耳の形状からくる制約による変化に加えて，頭や身体，尾を用いた動作の多くがプードルでは観察されなかった．ただし，服従や親愛を示す行動はオオカミより頻繁になり，吠え行動はより分化していた．行動の変化

表 3.1　スタンダード・プードルの行動変化の程度．オオカミにみられる信号表出行動のほとんどが，プードルでは変化しているか消滅している（ツィーメン，1977 より）．

機能環	行動様式			
	オオカミ	プードル		
		同	異	無
通常みられる行動型				
休息と睡眠	27	19	7	1
定位行動	17	10	6	1
避難と防御	24	13	8	3
接触と排泄に関する行動				
食物獲得	12	3	8	1
食物摂取	9	9	2	0
運搬と貯蔵	15	8	2	5
排糞，排尿	6	5	1	0
くつろぎ行動	21	19	0	2
信号表出行動				
四肢，頭，身体	15	8	6	1
耳	11	0	3	8
目，顔つき	15	6	4	5
尾	12	6	4	2
社会的行動				
中間的な気分	13	12	0	1
屈従行動	12	7	4	1
攻撃行動	24	11	7	6
威嚇および示威行動	12	8	4	0
防御行動	12	8	3	1
遊び行動				
遊び動作	10	7	2	1
初期の遊び	13	5	7	1
咬みつき遊び	19	16	2	1
走り遊び	8	2	4	2
独り遊び	10	9	0	1
性行動	11	11	0	0
出産	7	7	0	0
子どもの養育	12	9	1	2
幼稚な行動	15	15	0	0
計	362	231	85	46
	100%	64%	23%	13%

の傾向として，プードルではオオカミに比べて，多くの行動の発達が遅れたり，あるいは早まったりしており，成熟後の多くの行動は若いオオカミの行動に非常によく似ていたようである．たとえば，座る頻度は4-5カ月齢のオオカミ，よそ者に対する攻撃性は1歳半のオオカミに匹敵したという．もっとも顕著な違いは，母プードルが子に示す養育行動は最初の数週間はオオカミとほとんど変わらなかったが，オスによる養育が完全に欠落していたことである．この繁殖戦略の違いは，ほかの研究者によっても報告されている．イヌではつがいの絆が欠けており，父親はもちろん，群れメンバーによる子育てへの関与は減少している．これは，群れによる大型の獲物の狩りがみられないこと，そもそも群れへの依存の低さや群れ内ヒエラルキーの緩さとも関連しているのかもしれない．

（2） 行動の比較——オオカミとアラスカン・マラミュートほかとの比較

ミシガン大学のフランク夫妻が行った同じ条件で育てたアラスカン・マラミュートとオオカミの観察からは，イヌの攻撃性の早期発現がうかがわれる．マラミュートは2週齢から抑制のないけんかをし，オオカミよりも早い時期

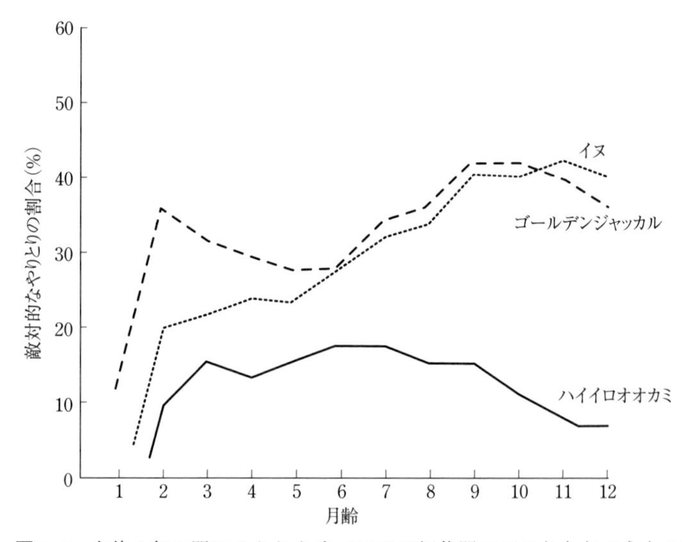

図3.4 生後1年の間にみられたすべての2個体間でのやりとりのうちの敵対的なやりとりの割合（Virányi *et al.*, 2014 より改変）．

に，より激しい攻撃を示した．ペーターセンも，オオカミとスタンダード・プードルを別々に，同じ条件で飼育した結果，敵対的やりとりはオオカミよりプードルのほうが早く発現し，オオカミは繁殖期にのみ増加するのに対し，プードルではしばしば出現することを観察している（図3.4）．また，オオカミにみられる儀式化された敵対行動は，プードルではほとんど観察されなかった．プードルの優位オスによって始められた攻撃は，相手の反応にかかわらず，多くは取っ組み合いの咬みつきに発展する．また，イヌでは1頭に対して群れのメンバー全員による攻撃がしばしば目撃されている．オオカミとプードルを一緒に飼育した場合は，3, 4カ月齢まではプードルが支配的であった．この傾向はほかの犬種でもみられ，1歳までの攻撃行動の発現はオオカミがもっとも少なく，スタンダード・プードル，ラブラドール・レトリーバーで高い傾向がみられた．ペーターセンはおよそ200犬種の観察から，イヌはオオカミよりもたがいに協力しあうことがむずかしいことを見出している．イヌはオオカミに比べて，相手をなだめたり，抑制したりするなどして対立を回避する戦略に欠けていたという．これは，視覚的表現が減ったことで視覚的コミュニケーションが損なわれたこと，ヒトの生活に適応したことによる社会関係に対するモチベーションやコミュニケーション・スキルの変容が生じたことが原因と考えられる．

（3） そのほかの犬種のオオカミ様行動の発現の違い

サザンプトン大学のグッドウィンらによって，イヌの行動にオオカミに似た行動がどの程度残っているかについて比較が行われている．慣れた環境下での10犬種の行動をそれぞれ長時間撮影し，観察を行った．その結果，犬種によってオオカミ様行動の発現が大きく異なることがわかった（表3.2）．オオカミらしい風貌をもっているシベリアン・ハスキーでは，調査した15の威嚇や服従行動のすべてが観察されたが，愛玩動物としての歴史の古いキャバリア・キング・チャールズ・スパニエルで観察されたのは2つのみであった．興味深いことに，オオカミの発達と比較すると，オオカミで幼少期すぐに観察される行動は（生後20日以内），多くの犬種で確認できたが，オオカミでも成長しないと発現しない行動になると（生後30日以降），観察される犬種はほとんどいなかった．

表 3.2 通常の社会的やりとりでみられる行動パターンの犬種の違い．オオカミはその行動が発現した日齢（Goodwin *et al.*, 1997 より改変）．

行動	キャバリア・キング・チャールズ・スパニエル	ノーフォーク・テリア	シェットランド・シープドッグ	フレンチ・ブルドッグ	コッカー・スパニエル	ミュンスターレンダー	ラブラドール・レトリーバー	ジャーマン・シェパード・ドッグ	ゴールデン・レトリーバー	シベリアン・ハスキー	オオカミ
威嚇											
うなる	+	+	+	+	+	+	+	+	+	+	<20
移動させる	+	+	+	+	+	+	+	+	+	+	<20
立ちはだかる					+	+	+	+	+	+	20–30
抑制された噛み						+	+	+	+	+	20–30
直立		+		+	+	+	+	+	+	+	>30
取っ組み合い					+	+		+	+	+	>30
攻撃的口開け							+	+	+	+	>30
歯をむき出す			+					+	+	+	>30
凝視する										+	>30
服従											
口を舐める			+				+	+	+	+	<20
目をそらす				+	+			+	+	+	20–30
身をかがめる						+	+	+		+	20–30
服従的に歯をみせる									+	+	20–30
受動的服従							+		+	+	>30
能動的服従										+	>30

（4） イヌの群れ・オオカミの群れ

オオカミ研究の権威であるメックによって，イヌ科の動物における群れは，安定した集団として共同で狩猟や若齢獣の養育を行い，共通のなわばりを守る社会単位であると定義されており，一般的に，この群れを構成するメンバーは血縁関係にある．長い間オオカミの群れは雌雄それぞれの優位個体であるアルファによって率いられ，群れのなかは直線的序列構造となっており，アルファの地位をめぐって緊張状態にあると誤解されてきた．しかし，メックが13年にわたって行った研究から，オオカミの群れは基本的には家族で構成されており，両親とその子どもたちから成り立っていることがわかった．従来のオオカミ像は，おそらくヒトの管理下やサンクチュアリのように血縁でないオオカミが集められた環境における調査の結果，つくられたものであろう．オオカミの群れのサイズは地域によって若干異なるようであり，獲物の大きさに関連していると考えられる．ミネソタ大学のジセらの報告によると，群れは両親の間に生まれた一腹の子が中心であり，子のほとんどは11-12カ月齢，長くて3歳で群れを離れる．このような若い個体が群れに残ることは，親にとっては親のかわりにきょうだいたちの養育を行ったり狩りに参加したり，一方で若い個体にとっては食糧の再分配を受けることができるという利点がある．若い個体が群れから離れる時期は食糧事情に左右されるらしい．

では，イヌはどうであろうか．イヌの群れ行動については，ローマ大学のボアターニらやパルマ大学のボナンニらによって浮浪犬の群れの調査がいくつか行われている．すでにいわれていることは，イヌはオオカミのような群れ構造ではなく，組織的な狩りも報告されていない．群れのなかには複数の繁殖ペアが存在し，ほとんどのメスが1頭で自身の子を育て，父親を含めてそのほかのイヌは子育てに協力することはない．またボアターニらは，野犬は群れというよりも，「集団」と表現したほうが似つかわしいとしている．

3.3 発達

哺乳類のもつ適切な社会性の発達が初生期環境に影響を受けることは，多くの研究から明らかになってきた．その重要性は心理学者のドナルド・ヘッブやジャクソン研究所などのグループによる1950-60年代を中心に実施された多くの研究によって示されている．これら一連の研究では，イヌは発達期にヒトやヒト社会と接触することによって成長後にヒトへの恐怖反応が減少し，訓練性能が向上することが示されている．また，サウサンプトン大学のアップルビーは8週齢までにヒトの家庭的な環境で飼育されなかったイヌは，成長後にヒトを回避する行動や見知らぬヒトへの攻撃性が高いことを示した．これらの研究から，イヌの発達は0-12日齢の新生子期，13-21日齢の移行期，22-84日齢の社会化期，12週から6カ月齢の若齢期の4段階に分けることができる．以下，簡単にイヌにおける各段階を説明したあと，オオカミとの違いについて述べる．

（1）　新生子期

新生子は視覚と聴覚が未発達であり，おもに嗅覚情報を頼りに母親に接近するが，まだ自分で排泄はできない．新生子期は母親に完全に依存している時期といえる．この時期の触覚刺激が社会性の発達に重要であることは古くから示唆されており，げっ歯類などのモデル動物を用いて調べられている．マギル大学のリューらは，出生直後から生後1週間までの時期に子への毛づくろい行動を多く示す母性の高い母親に養育された子では，毛づくろい行動の少ない母性の低い母親に養育された子に比べて成長後の社会性が高く，新奇環境に対する恐怖反応や不安が低下することや，ストレスに対するグルココルチコイドの分泌反応が低下することを明らかにしている．さらに，マギル大学のフランシスらによって，母性の高い母親に養育されたメスの子は，成長後にやはり毛づくろい行動を多く示す母性の高い母親となることがわかった．動物行動学者のフォックスは，出生直後から5週間後までさまざまな刺激に曝露されたイヌでは，成長後に新奇環境下における大胆さと探究心が向上することを報告しており，イヌにおいても新生子期における母親の養育行動が分子レベルでのストレスに対する応答性の発達を変化させて，成長後の社会性発現に影響することは十分予想される．

（2）　移行期

移行期とは母親に完全に依存した状態から多少独立した状態へと変化する時期で，眼瞼が開いて光や動く刺激に反応するようになり，外耳道が開いて大きな音に反応し始めるくらいまでの1週間程度の期間である．運動能力も向上して，ぎこちないが立ち上がり歩行が可能となる．フランクらによると，野生のオオカミでは暗闇の巣穴から初めて外界に出てくる時期に相当する．

（3）　社会化期

この時期に曝露された刺激やその程度にイヌの成長後の行動反応が影響を受けることは1950-60年代を中心によく調べられており，初生期環境とヒトへの恐怖反応と訓練性能を指標とする社会性との関連が明らかにされている．ジャクソン研究所のフリードマンらは，ヒトとの社会的接触を生後2週齢から9週齢までの間のそれぞれ1週間のみにした群と生後14週齢までまったくヒトから隔離する群をつくり，14週齢にすべてのイヌの実験者への反応や訓練への反応を評価した．その結果，生後5週齢から9週齢の間に1週間だけヒトと接触したイヌは，ヒトへの恐怖反応を示さずに訓練しやすいが，生後14週齢までヒトとの接触がないと，その後恐怖心が認められ，扱いにくいことが報告されている．

ジャクソン研究所のスコットとフラーがさまざまな週齢で実験者への子犬の反応を観察したところ，生後3–5週齢ごろは見慣れぬヒトでも近づいて社会的接触を図ろうとする行動が急速に強まるが，12週齢を過ぎると，しだいに見慣れぬヒトや初めて経験する場所に対して不安や恐怖反応がみられたことから，社会化期は生後3–12週齢の間であり，“感受期”の頂点は6–8週齢であると結論づけている．フォックスらは，ヒトとの接触と同時に子犬に電気ショックを与える嫌悪条件づけを行い，8週齢に嫌悪条件づけした場合においてのみ，長期にわたる嫌悪効果が観察されている．ジャクソン研究所のエリオットらが行った，子犬を新奇環境下に置いて，心拍と苦悩に満ちた鳴き声を発する度合を測定した実験においても，そのピークは6–8週齢ごろであるという．

オクラホマ大学のモリソーらは，授乳は少なくなるが離乳には至らない生後12–15日齢のラットでは，母親が不在という条件下で嫌悪条件づけを行った場合に嫌悪学習が成立することを示した．つまり，この時期に母親が存在している状態（母親は麻酔下にある）で嫌悪条件づけをしても，電気ショックによるグルココルチコイドの分泌反応が抑制され，その結果として嫌悪条件づけが成立しないのである．著者らはラブラドール・レトリーバーの子犬の新奇刺激曝露前後にグルココルチコイドの一種であるコルチゾールを測定したところ，5週齢以降に有意な上昇が認められたことから，イヌのコルチゾールの分泌反応は，4週齢までは抑制されていると考えている．

上記のように生後3–5週齢ごろの子犬は見慣れぬヒトでも近づいて社会的接触を図ろうとすることや，子犬の電気ショック実験では5週齢で嫌悪条件づけが成立しなかったことなどを考慮すると，おそらくイヌも生後5週齢程度までは，ラットの嫌悪条件づけが成立しない時期と同様の生理状態であることが推測される．さらにプレトリア大学のスラバートらによって，6週齢で母犬と巣を取り巻く環境から隔離された子犬は，12週齢での隔離と比較して，子犬のその後の社会化や健康に悪影響をおよぼすことが報告されており，また，ペンシルバニア大学のサーペルは，アンケート調査（C-BARQ; Canine Behavioral Assessment and Research Questionnaire，シーバーク）によって子犬の入手年齢と成長後の気質との関連性を解析したところ，6週齢までに母犬から離され家庭に引き取られたイヌは，恐怖や接触刺激に対する反応性が高く，ストレス反応性が増加して社会性が低下するという結果が得られた．イヌにおいても6-8週齢ごろは，授乳は少ないものの完全に離乳する前の時期という点で生後12-15日齢のラットとほぼ同時期であり，母親の在不在で刺激に対するグルココルチコイド分泌反応が変化して，嫌悪学習の成否が決まる生理状態にあるのかもしれない．

（4） 若齢期

この時期は運動能力が飛躍的に向上し，性腺の発達にともなってそれぞれの性にしたがった社会行動が発達する．また，テリトリー意識が発達して吠えるなどの攻撃行動がみられ始める．生物学者のメックによると，オオカミでは生後4-6カ月齢ごろに巣穴から離れてうろつき始めるが，この時期は見知らぬ侵入者に対してあからさまに敵意を示す行動をとり始めることなどから，オオカミには新奇な刺激や恐怖を引き起こす刺激に対して強い感受性を示す第2の感受期が存在するという．しかし，イヌにおいてもこのような第2の感受期が存在するのかどうかを科学的に解析した研究は残念ながらほとんどなく，今後の研究が待たれる．

（5） オオカミとイヌの発達の違い

マサチューセッツ大学のロードによると，オオカミは2週齢時からすでに探索行動のために動きまわるようになるが，それに相当する動きがイヌでみられるようになるのは4週齢であった．前述の攻撃行動以外の行動発現のタイミングは，ペーターセンが多様な犬種とオオカミを比較しているが，行動により犬種差がみられるという（図3.5）．そのため，ミクロシはパピーテストの実施時期については犬種差を考慮に入れるべきであると述べている．また，イヌはオオカミの幼形成熟という説もあるが，少なくとも幼少期の発

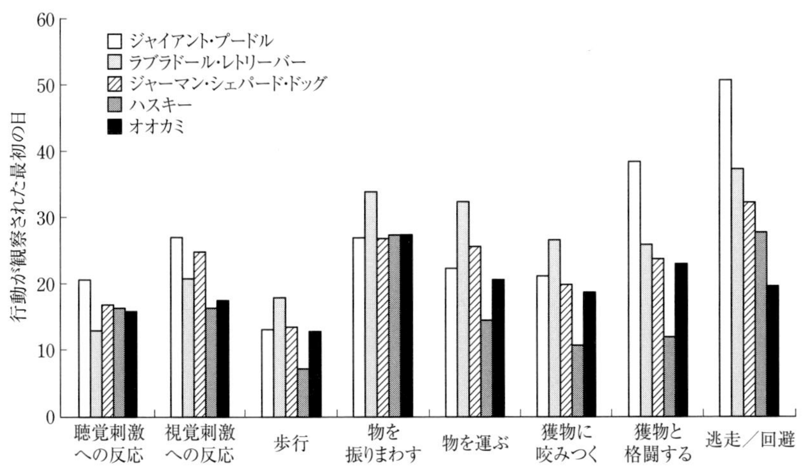

図 3.5　オオカミと同等の大きさの犬種においてさまざまな行動パターンが現れた最初の日（ミクロシ，2014 より）．

達に顕著な発達の遅れはみられなかった．

一方，感受期にはイヌとオオカミの間に違いがみられるようである．イヌは 9 週齢までに 1 週間ヒトと接すればヒトへの恐怖反応を示さなくなるのに対して，ツィーメンによると，オオカミは 3 週齢までにヒトと接すれば親密な関係を築くことができると報告している．また，スコットやパデュー大学のクリングハマーらは，イヌは数分目を合わすだけでその後のヒトへの恐怖を取り除くことができるが，オオカミは毎日数時間の接触が必要であり，さらに母オオカミから引き離さなければならないとしている．フランク夫妻によると，オオカミに比べてイヌは明らかにヒトへの選好性を示し，オオカミは同種個体を好む．これはエトヴェシュ・ロラーンド大学のガチらの調査で明らかにされている．ガチらはイヌとオオカミを生後 4-6 日から十分にヒトに馴れさせ，5 週齢時に世話をしているヒトと見知らぬヒトあるいは成犬に対する選好性を調べた．その結果，子犬は成犬よりも明らかに世話をしているヒトを好むが，世話をしているヒトと見知らぬヒトとの間では明らかな好みはみられなかった．一方，子オオカミでは，見知らぬヒトよりも世話をしているヒトを好んだが，成犬と世話をしているヒトとの間には選好性はみられなかった．ハンガリー科学アカデミーのトパルらのヒト幼児が養育者に示すアタッチメントのタイプを測定するストレンジ・シチュエーション・テストを4カ月齢の子犬と子オオカミに応用した実験では，子オオカミは養育者に対して明確な愛着行動を示さなかった．ロードは生後2週から5週までのオオカミとイヌの感覚刺激に対する反応を調べたが，嗅覚，聴覚，視覚のいずれも両者に違いはみられないことから，オオカミはほとんど嗅覚情報のみを使って社会化の臨界期を過ごしていると考えた．この違いによってヒトとの愛着形成の違いを説明できるのではないかとしている．

3.4　日本犬の行動特性

近年，秋田犬や柴犬などの日本犬の独特の気質や風貌が欧米において好まれる傾向がみられ，また原初の形態や気質を保っている可能性があるとして，遺伝子研究の対象とされるようになってきた．しかし，その行動特性を他犬種と比較した研究はまだ少なく，そのほとんどはアンケートや聞き取り調査である．さらに，欧米での調査で日本犬が対象に含まれることはほとんどない．ここでは，日本犬を含むアンケート調査から得られた日本犬の行動特性について述べる．

（1）　気質のアンケート調査

日本でも多くの愛犬家に参考にされているのは，カリフォルニア大学のハート夫妻による気質調査であろう．彼らは獣医師やドッグショーの審査員などイヌの専門家に対して13項目のイヌの行動特性に関する調査を行い，56犬種の行動特性をまとめている．そのなかに秋田犬が含まれている．秋田犬は，過敏性や無駄吠え，人なつこさなどの「機敏性」やいたずら好きや遊び好きといった「探索」のスコアは低い一方で，テリトリー防衛や他犬への攻撃性などの「攻撃性」や「訓練性能」のスコアが高く，落ち着いた警備犬として紹介されている．東京大学の武内ゆかりと森裕司は，日本，米国，英国の3カ国間のイヌの行動特性の比較調査を行っているが，そのなかで秋田犬は攻撃性と訓練性能が高い一方で反応性が低い群に分類されており，ハートらの調査結果と一致している．柴犬は日本でのデータのみであるが，攻撃性と反応性が高く，訓練性能は中程度の群に含まれている．

国内では，岐阜大学の田名部雄一とヤマザキ学園大学の山崎薫によって日本犬6品種を含む31犬種の行動特性の調査が行われている．獣医師や看護士，トリマー，ペットショップ従業員，訓練士といったイヌの専門家によって，それぞれの犬種の12の行動特性が評価された．値が高いほうが家庭犬に適している特性としてあげられている「なつきやすさ」,「社交性」,「外向性」,「内向性」,「社会性」,「服従性」のうち，日本犬種は服従性以外の項目でもっとも低い値を示している．一方，反抗性，支配性，テリトリー防衛性，他犬への攻撃性は高い値を示していた（表3.3）.

また，筆者らはサーペルとの共同研究で，日米合わせておよそ1万3000頭のデータを用いて行動特性の犬種間比較を行った．飼い主自身によって回答するC-BARQ（シーバーク）は，サーペルが開発したオンラインアンケートであり，日常生活におけるさまざまな場面を想定した約100項目の質問に5段階評価で答えることで，イヌの気質や行動特性を評価することができる．筆者らはカリフォルニア大学のフォンホルズらによる遺伝分岐図をもとに分類した犬種グループ間に気質および行動特性に違いが存在するかどうかを調べ，その結果，柴犬と秋田犬を含む原始的なイヌのグループが，飼い主への愛着に関する得点がほかの犬種グループに比べて低くなっていることを見出した（なお，柴犬はフォンホルズらの調査に含まれていなかったため，2004年のワシントン大学のパーカーらの遺伝分岐図をもとに，原始的なイヌのグループに含めた）.

(2) 日本犬の問題行動

イヌの問題行動のなかでもっとも深刻な被害が生じ，イヌの殺処分の原因となっているのは攻撃行動である．沈着冷静で飼い主に忠実と評価されることの多い日本犬であるが，前述のとおり攻撃性が高い傾向がみられる．岐阜大学の伊藤英之らによると，行動特性に関連があるといわれているドーパミン受容体D4遺伝子の多型には犬種差がみられ，日本犬種は一般的なヨーロッパ犬種とは異なる系統にあることが示されている．また，ドーパミン受容体D4遺伝子に加えて，セロトニン1A遺伝子，アンドロゲン遺伝子の多型を解析したところ，日本犬を含むアジアのイヌとヨーロッパのイヌとで大きく2つに分類された.

表 3.3　イヌの行動特性の品種差（田名部ら，2001 より）．

品種	評定者数	新しい飼い主へのなつきやすさ	要求に答えたときのイヌの喜ぶ程度	服従性
ラブラドール・レトリーバー	90	3.49	4.37	4.11
ゴールデン・レトリーバー	105	3.48	4.35	4.04
シー・ズー	106	3.36	3.98	3.01
パグ	87	3.30	3.66	2.70
キャバリア・キング・チャールズ・スパニエル	83	3.08	3.69	2.94
ビーグル	89	3.07	3.83	2.89
マルチーズ	102	3.02	3.77	3.09
ヨークシャー・テリア	100	2.97	3.69	2.95
ウェルシュ・コーギー・ペンブローク	75	2.95	3.67	2.99
アメリカン・コッカー・スパニエル	82	2.94	3.56	2.80
ダックスフンド	95	2.91	3.73	3.07
トイ・プードル	101	2.83	3.91	3.60
ブルドッグ	63	2.79	3.02	2.84
グレート・ピレニーズ	73	2.78	2.99	3.23
シェットランド・シープドッグ	97	2.77	3.78	3.65
ウエスト・ハイランド・ホワイト・テリア	79	2.77	3.39	3.04
ポメラニアン	106	2.75	3.79	2.89
ジャーマン・シェパード・ドッグ	79	2.70	3.47	4.18
ペキニーズ	71	2.69	3.10	2.62
チン	60	2.67	3.12	2.85
シベリアン・ハスキー	90	2.66	3.40	2.73
ミニチュア・シュナウザー	88	2.63	3.34	3.14
ボクサー	58	2.52	3.22	3.28
チワワ	83	2.49	3.23	2.57
パピヨン	82	2.49	3.27	2.65
柴犬	101	2.08	3.53	3.32
秋田犬	68	2.03	2.99	3.35
北海道犬	47	1.98	2.91	3.15
甲斐犬	59	1.93	3.03	3.17
四国犬	42	1.90	2.95	3.26
紀州犬	62	1.85	2.97	3.23

田名部は，草地や沼地での鳥獣猟に適するように育種された欧米の犬種と，おもに森林の多い山地での猟に適する獣猟犬として育種された日本犬とでは，攻撃性に違いがあるとしている．これらの攻撃行動に焦点をあてたアンケート調査も行われている．東京大学の荒田明香らは柴犬の攻撃行動に関する飼い主へのアンケート調査を行い，柴犬を含めた 14 犬種間で比較を行った．

品種	評定者数	飼い主や家族への攻撃性	テリトリー防衛	他犬への攻撃性
北海道犬	47	3.62	4.19	3.96
紀州犬	64	3.56	4.00	4.06
四国犬	42	3.48	4.10	3.95
甲斐犬	59	3.46	3.97	3.98
秋田犬	68	3.40	4.03	3.85
シベリアン・ハスキー	90	3.37	3.30	3.20
柴犬	101	3.37	3.92	3.85
パピヨン	82	3.20	2.93	2.83
チワワ	83	3.16	3.25	3.05
ウエスト・ハイランド・ホワイト・テリア	79	3.13	3.18	3.22
マルチーズ	102	3.08	2.91	2.74
ポメラニアン	106	3.06	3.05	2.84
ミニチュア・シュナウザー	88	3.00	3.02	3.20
ジャーマン・シェパード・ドッグ	79	2.99	3.77	3.23
シー・ズー	106	2.91	2.44	2.29
ビーグル	89	2.84	2.93	2.72
ウェルシュ・コーギー・ペンブローク	75	2.83	2.61	2.75
ダックスフンド	95	2.82	2.97	2.78
シェットランド・シープドッグ	97	2.81	3.20	2.89
ボクサー	58	2.81	3.24	3.21
プードル	101	2.80	2.96	2.69
ヨークシャー・テリア	100	2.74	2.94	2.72
ペキニーズ	71	2.70	2.46	2.42
チン	60	2.70	2.55	2.52
アメリカン・コッカー・スパニエル	82	2.68	2.55	2.46
ブルドッグ	63	2.65	2.84	2.95
グレート・ピレニーズ	79	2.48	2.90	2.45
キャバリア・キング・チャールズ・スパニエル	83	2.36	2.46	2.33
パグ	87	2.30	2.33	2.17
ゴールデン・レトリーバー	105	1.90	2.40	1.90
ラブラドール・レトリーバー	90	1.89	2.54	2.11

攻撃性に関連のみられる行動特性として，「刺激反応性」，「ヒトへの親和性」，「嫌悪経験に対する回避傾向」，「獲物追跡」，「音への恐怖」の5因子が抽出され，柴犬は「刺激反応性」や「ヒトへの親和性」の値が低く，「嫌悪経験に対する回避傾向」，「獲物追跡」が高いことが示された．対象別の攻撃行動については，飼い主，見知らぬ人，他犬への攻撃行動の発現が上位に位置し

ていた．なお，攻撃行動発現の上位にはチワワ，ミニチュア・シュナウザー，ミニチュア・ダックスフントなどが含まれている．

また，イヌの問題行動として常同障害があげられる．その代表的な症状の1つとして尾追い行動がある．イヌが興奮状態や葛藤状態にあるとき，自分の尾を追いかけるようにクルクルまわりだし，ひどい場合には尾を嚙み切ったり，断尾を余儀なくされるといった深刻なものであるが，東京大学の後藤亜紀子らは，柴犬ではとくに尾追い行動が多くみられ，約6割がまわる行動を示し，約3割ではまわりながらうなったり，尾を嚙んだりという重篤な症状がみられることを報告している．

日本犬，とくに柴犬に特異的にみられるのが認知機能障害である．動物エムイーリサーチセンターの内野富弥の調査によると，1993年から2004年までの認知機能障害発生頭数の48.4%が日本犬系雑種，33.8%が柴犬となっており，日本犬を合計すると84.1%にもなる．認知機能障害では睡眠サイクルが逆転し，単調な声で鳴き続ける，食欲はあるが痩せる，同じ場所をぐるぐるまわり続ける，前に進めるが後ろに下がることができない，トイレを失敗するようになる，などの症状がみられ，飼い主の生活の質も低下させるおそれがある．EPA（エイコサペンタエン酸）やDHA（ドコサヘキサエン酸）の入ったサプリメントやフードを与えることにより，個体差はあるが症状が改善するという報告もある．筆者らは認知機能障害の早期発見のための空間認知テストを開発し，柴犬とラブラドール・レトリーバーとの比較を行った．詳細は第4章で説明しているが，課題達成は柴犬のほうが早いものの，達成までにかかる試行数と年齢との相関は柴犬には認められたが，ラブラドール・レトリーバーにはみられなかった．このことから，柴犬では加齢にともない空間認知能力や学習能力が低下することが示唆される．食生活や生活環境の急激な変化が原因という推測もされているが，なぜ日本犬に特異的に認知機能障害が生じるのかについては不明である．認知機能障害の症例は，2004年の調査当時は減少傾向にあったが，これは日本犬飼育頭数が減少したためである．近年の日本犬ブームによって，とくに柴犬の飼育頭数はふたたび増加しており，認知機能障害の対応は急務であろう．

4
イヌの認知機能の特徴

イヌはオオカミの亜種であり，また，ヒトによってつくられた動物であると考えられてきた．そのため，イヌの行動はオオカミの行動から派生するものとして説明され，イヌ科動物のなかでの科学的研究対象としてのイヌの価値は非常に低いものであった．しかし前章で示したとおり，イヌとオオカミは共通する部分は多いものの，ヒトとのかかわりにおいて決定的に異なることが最近の研究でわかってきた．本章では，社会的認知機能の観点からイヌの特異性を考えたい．

4.1　物体や空間のとらえ方

私たちがある動物に対して「賢い」あるいは「愚か」と評価する場合，その能力が動物の生存においてどのような意義をもつのかについて考えなければならない．普段の生活のなかでイヌは賢くふるまうことができる．一方で，どうして理解してくれないのか腹立たしく感じることもあるだろう．イヌの能力は逸話的に語られることが多く，その行動はしばしば擬人化され，過剰にあるいは不当に評価されてきたともいえる．イヌになにができるか，できないのかについては科学的に検証する必要があるだろう．本節では，基本的な物体や空間の理解に関するヒト乳児・幼児のテストをイヌに応用した実験について紹介する．しかし，実験の方法や探索の対象物によってその成績は影響を受けることもあり，その結果を単純にヒト幼児と比べることは注意が必要である．

（1）探す・みつける

生きものは，生きていくためにはつねに食べものを探す必要がある．イヌを含めた捕食動物の場合は，獲物を探すだけではなく見失わずに追いかけなければならない．草木の陰に見え隠れする獲物が同一個体として確かにそこに存在することを理解するには，単純な物理の知識，すなわち対象の永続性を理解しなければならない．たとえば，イヌは単純に床に置いた板が傾いていると，その下になにかがあるということは理解できるようである．また，ウィーン大学のミュラーらによって，途中で仕切りの後ろを通過するようにボールを床に転がすという設定で行われた実験では，同じボールが転がり出てくる条件に比べて，仕切りの後ろでボールがすり替えられ，違うサイズのものが出てくる条件では，イヌがボールを注視する時間が長くなった．すなわち，イヌが予想していることと違う現象が起きたこと（期待違反）を示しており，移動している物体は物陰に隠れてみえなくなったとしても存在していることをイヌが理解していると考えられる．

このようなイヌの物体の永続の実験は，関西学院大学の中島定彦によってまとめられており，①対象となる物体をイヌの目の前で仕切りなどの後ろに隠す，②目の前で物体をいったん不透明な容器に入れたうえで仕切りの後ろなどにその物体を移動し，その後空になった不透明な容器を提示する（不透明な容器からほかの場所に物体が移動する瞬間だけはみることができない），という二重に隠すなどの単純なものから，隠す場所を複数にする，あるいは目の前である隠し場所からほかの隠し場所に継時的に移動させるという複雑化した手続きがとられている．イヌは①の条件は難なくクリアすることができるが，②の条件下でも，対象の物体に餌や関心をひくようなおもちゃを使用した場合，①よりも正答率は低いものの，対象物をみつけることができることが報告されている．しかし，①の条件で仕切りごと対象物を移動するなどした場合は正答率が下がることから，物体の永続性の理解には制限があると考えられている．

一方，フランク夫妻の報告によると，ひもを引くことでひもの先についている物体を引き寄せることができる物体の連結性の理解は，オオカミに比べてイヌはきわめて低いらしい．エクセター大学のオストハウスらは，学習によってひもを引くことを習得しても，ひもの位置を変えたり，2本のひもを交差させたりすると，イヌは目的の物体を引くことができなくなることを示した．物体認知能力の一部は，生きていくための狩猟の必要性を失ったイヌには不可欠ではなくなったのかもしれない．

（2）　帰る・目的地へ向かう

何百 km も離れたところから愛犬が戻ってきた，というイヌの帰巣本能を表すエピソードは感動をもって伝えられる．しかし，実際に帰還を試みたイヌの何割が戻ってくることができたのかについては不明である．なんらかの事情で戻ってくることができなかったことを考慮したとしても，実際には多くの迷い犬が保護施設などに保護されている．エトヴェシュ・ロラーンド大学のミクロシによると，イヌの奇跡的な帰巣本能を期待すべきではない．イヌの帰巣本能の実証実験について，1900 年代の初期にドイツのベルリンで行われた記録が残されている．実験者は自分のジャーマン・シェパード・ドッグを，ベルリンのどこかに置き去りにして，戻ってくるかどうかを調べたところ，最初は戻ってくることができなかった．何度か練習することで，最後は無事に戻ってくることができたとのことである．

デューク大学のヘアによると近年では，より精密な方法でイヌの空間認知についての実験が行われている．まず，最短経路をみつけることができるかについて，餌を隠したあとにイヌに目隠しと耳栓をしてまっすぐ移動し，さらに直角に曲がって直進する．ちょうど二等辺三角形の高さと底辺を歩くことになる．その後，イヌを自由にした場合にどのようにして餌の隠し場所にたどり着けるかテストを行ったところ，視覚，聴覚，嗅覚の手がかりなしに隠し場所に直進できた．また，イヌは餌の隠し場所に目印を置くことでそれを基準に探すこともできる．ただし，一般的にはイヌは自己中心的な定位を行うため，結果的に迷い犬は家にたどり着くことはできないケースが多いらしい．家畜化によって方向感覚が弱められたという考え方もある．

イヌの意外な柔軟性の欠如を示した研究もある．オストハウスらの実験によると，フェンスの向こうにいる飼い主のもとへ行くための開口部を開けておくと，イヌはそれを通ることは理解する．しかし，開口部をほかの場所に設けると，目の前に開口部があるにもかかわらず，もとの開口部（今は閉ざされている）から出ようとしてしまうのである．ただし，イヌの空間認知実験はイヌのほかの側面も示している．エトヴェシュ・ロラーンド大学のポングラッツらが行った迂回実験では，ほかのイヌやヒトのデモンストレーションを呈示すると，イヌはあっという間に目的地にたどり着くことができる．一見劣っているようにみえる能力であるが，そこからはむしろイヌがなにを重視しているかをうかがい知ることができる．

4.2 ヒトの見分け方・ヒトとの絆の形成

イヌにとってもっとも必要な能力，それはヒトが自分にとってどのような存在であるかを認識することかもしれない．前節で示したとおり，イヌは物体や空間認知においてオオカミに劣ると考えられる．しかし，それは他個体，とくにヒトの協力を得ることで克服できる．他個体と協力する能力は群れで行動する祖先種から引き継がれたと考えることができる．共通の祖先をもつオオカミはイヌよりもさらに高度な同種間の社会を築いているからである．一方，ヒトの力を利用することは家畜化の過程で身につけたのだろう．また，イヌは便宜的にヒトの力を利用するだけではない．そこには情緒的なつながりが存在することも多くの研究が示している．

（1） 飼い主と見知らぬヒト

イヌが飼い主と見知らぬヒトを見分けていることは明らかである．詳細は後述するが，初めて訪れた場所で飼い主がいる場合と見知らぬヒトがいる場合とでは，イヌの示す行動は明らかに異なる．では，どのように見知らぬヒトと飼い主を見分けているのだろうか．京都大学霊長類研究所の足立幾磨は，飼い主と見知らぬヒトの音声と画像の組み合せを変えて提示することで，期待違反法を用いてイヌが視覚と聴覚の感覚統合的概念をもっていることを示した．飼い主の声のあとに見知らぬヒトの画像を提示した場合，飼い主の声と画像を提示した場合に比べて，イヌが写真を注視する時間が長かったことから，イヌは飼い主の画像から飼い主の声を予期していたと考えられる．

筆者らは飼い主と見知らぬヒトをイヌが見分けているかどうかを，順化脱順化法を用いて生理学的に調べた．見知らぬヒト3名を連続して提示したあとに，最後に飼い主を提示し，自律神経活性の指標となる心拍変動を測定した．その結果，1人目の見知らぬヒトを提示した際には交感神経の活性がみられたが，2人目，3人目と提示をするにつれて交感神経活性が低下し，見知らぬヒトという新奇刺激に対して順化していった．最後に飼い主を提示したところ，交感神経活性の増加がみられ，イヌが飼い主と見知らぬヒトとを明らかに区別していることがわかった．この実験でもう一点注目すべきことは，3名の見知らぬヒト，つまり3種の新奇刺激を提示したにもかかわらず，イヌはしだいに順化していったことである．これは「見知らぬヒト」という1つのカテゴリーとして飼い主と区別していたと考えられる．

（2） 男性と女性

一般的にイヌはヒトの女性を好むといわれてきた．動物病院での診察時の保定は女性の看護師のほうが望ましいといわれることもある．ラトガース大学のロアらは，見知らぬヒトの性別によってイヌの回避反応に違いがみられるか調べた．その結果，メスイヌはオスイヌよりも回避行動が少なく，それはヒトの性別に関係ないことがわかったが，オスイヌは見知らぬ男性に対してより多く回避行動を示すことがわかった．女性に比べて男性が示す体が大きく，声が低いという特徴に対してイヌはおそれを抱いたのかもしれない．しかし，ヒトの性別という抽象度の高い概念をイヌがもっている可能性を示した研究もある．京都大学の高岡祥子らは，前項で紹介したイヌの飼い主の認識における感覚統合を調べた実験と同様の手法を用いて，男性と女性の声と正面顔の画像を提示した．その結果，声と画像の性別が不一致であった場合に，一致していたときよりもイヌがより画像を長く注視することがわかった．筆者らは，イヌによるヒトの表情弁別実験において，刺激として提示した正面顔写真で，見知らぬヒトの性別が飼い主と異なる場合に表情弁別の成績が低下することを見出している．これも間接的ではあるが，イヌが顔写真だけで男女の違いを分類していることが考えられる．

（3） 味方と敵

自然下では対峙している相手が敵か味方か，その判断を誤ることはそのまま死を意味することもある．イヌにとって，目の前にいる人間が見知らぬヒトかどうか，あるいは男性か女性かを判断することは，突き詰めればそのヒトが自分に害をなすかどうかの判断ということになるのかもしれない．イヌが感覚統合的概念を用いてヒトを認識していることは前述のとおりであるが，イヌの吠え声の高さと体の大きさをイヌが関連づけているかどうかについて，エトヴェシュ・ロラーンド大学のファラゴらによって研究されている．大小のイヌの吠え声とプロジェクターで映し出されたそれぞれのイヌの画像の組み合せを変える期待違反法を用いて，イヌは低い声を聞くと体の大きなイヌを予期していることがわかった．体のサイズは力の違いにつながることが多いため，低い声を聞いただけで近くにいる動物のサイズを予期することは重要な能力なのであろう．同種間では匂いや声，ボディ・ランゲージといわれる体の姿勢や各部分の動きによって相手の情動を理解する．イヌとヒトの間では匂いのコミュニケーションは（少なくともヒトにとっては）困難であるため，視覚的なシグナルが重視される．エトヴェシュ・ロラーンド大学のヴァスらは，ヒトが威嚇的な態度や親和的な態度でイヌに近づいたときのイヌの反応を調べた結果，イヌがヒトの行動によって異なる行動を示すことがわかった．身体的構造が異なるヒトのシグナルも，イヌにとってなんらかの敵対的な信号として伝わっていることが示唆された．筆者らのイヌによるヒトの表情弁別実験において，笑顔弁別には事前の訓練が必要であったが，怒り顔については訓練なしに回避する傾向がみられた（未発表データ）．イヌは同種間における情動状態の伝達手段を応用しつつも，ヒト特有の情動表出を理解していると考えられる．

あるいは敵とまではいかなくても，他個体が協力的かどうか判断することも群れで暮らす動物にとって欠かせないものであろう．京都大学の千々岩眸らは，イヌが第三者の立場で人間どうしのやりとり（協力的か，非協力的か）をみたうえで，その後にどちらのヒトを好むかという選択実験を行った．その結果，イヌは相手に対して非協力的な行動をとるヒトを避けた．ただし，イヌの間にはオオカミのような顕著な協力行動はみられない．オオカミは繁殖時や狩りにおいて高度な協力行動を示すが，オオカミの群れの多くは血縁関係であるからかもしれない．イヌはそもそも単独でヒトに飼われているケースが多く，また集団で行動している野犬あるいは野生犬は血縁関係が薄い可能性がある．イヌの２個体間の遊びにおいて，優位な個体に第三者が加担して劣位の個体を攻撃することはしばしば観測されており，イヌ科動物の協力行動の名残ともいえるかもしれない．

(4) 飼い主との絆

イヌは最古の家畜であり，最良の友ともいわれる動物である．家畜化の経緯はいまだ不明ではあるが，かなり早い段階からたんなる経済動物とは異なる扱いを受けていたことは容易に想像できる．時代が下るにつれて，ヒト社会におけるイヌの地位は使役から愛玩，そして伴侶と変わっていったが，その関係は研究対象として扱われることはなかった．最初にその特別な異種関係に科学的アプローチを行ったのは，心理学者や医療関係者である．1970年代以降，イヌを同席させることで自閉症児へのカウンセリングを円滑に行ったり，イヌの飼育がヒトの心身の健康を向上・維持させるなどの効果が報告されるようになってきた．また，プレトリア大学のオデンダールらはヒト側のみが効果を得るだけではなく，イヌ側もヒトとふれあい，穏やかに一緒に過ごすことで生理学的に好影響を受けていることを示した．このように他個体と過ごすことで生体が受ける効果を社会的緩衝作用といい，これはげっ歯類などのモデル動物において証明されている生理現象である．

なかでも母子間や繁殖パートナーの雌雄間（とくにプレーリーハタネズミなどの一雄一雌の繁殖形態をもつ種）には，より強固な関係が結ばれることが示されている．これを生物学的絆形成（biological bonding）とよぶ．この絆形成は生物が正常に繁殖し，生存するために不可欠なものであるとされ，一般的な親和関係とは明確に区別されている．この絆の概念は，1973年にノーベル医学生理学賞を受賞したオーストリアの動物行動学者コンラート・ローレンツによって示された有名なハイイロガンの刷り込み現象に端を発する．一方，イギリスの精神科医であったボウルビーは，第二次世界大戦後の孤児院で養育されている子どもたちの心身の発達不良を見出し，ローレンツの刷り込み現象をもとに，その原因を子と特定の養育者の間の密接なかかわりが欠如していることと考え，アタッチメント理論を提唱した．人間における良好な母子関係の意義を動物行動学に求めたことから，この理論は普遍的なものとして，現在も子どもの生育環境の重要な指針となっている．

イヌとヒトの間の社会的緩衝作用については，ヒトの母子関係のような絆の形成によるものという説がある．ヒトと非常に調和したイヌの行動は擬人化されやすく，ヒトがあたかも「母親のような」保護者としての態度で接し，愛情を感じる余地が生じるためと考えられてきた．しかし，1990 年後半よりイヌのもつ優れたコミュニケーション・スキルが注目されるようになって以来，両者の間に結ばれる絆は人間側の思い込みではなく，進化の過程で獲得された，生物学的な根拠にもとづいたものではないかと考えられるようになってきた．前述の生物学的絆形成の基準として，絆のパートナーを特定の個体として認識すること，共通の社会的シグナルを有すること，パートナーの存在が行動，生理，内分泌に多大な変化をもたらすこと，などがあげられる．飼い主を見分けることは，本節の（1）項で示したとおりである．

さらに，ハンガリー科学アカデミーのトパルらは，ヒト幼児が母親に示すアタッチメントのタイプを分類するストレンジ・シチュエーション・テストをイヌと飼い主に応用し，イヌの新奇環境における行動がヒト幼児と似ていることを示した．このテストはアメリカの心理学者であるエインスワースが開発したものであり，この結果から，ヒト幼児が母親を求めるように，イヌも飼い主に対して「安全基地」としての役割を求めていることが示唆されている．一方，ヒトがイヌと一緒に過ごすことでストレスホルモンであるコルチゾールが低下し，社会認知や絆の形成に関与しているといわれているオキシトシンの上昇がみられることが報告されている．麻布大学の三井正平らは，ヒトからの接触によりイヌのオキシトシンが上昇することを示し，筆者らはより具体的に，イヌの注視を介した交流が飼い主とイヌの双方のオキシトシンを上昇させることを示した．以上のことから，イヌとヒトが生物学的絆形成の基準をある程度満たしている関係であることが示されつつある．

4.3 ヒトに類似したコミュニケーション・スキル

イヌに対する科学的関心を飛躍的に高めた研究者として，デューク大学のヘアとエトヴェシュ・ロラーンド大学のミクロシがあげられる．ともに認知行動学者であり，イヌのもつ優れた社会認知能力をオオカミやチンパンジーと比較することで実証した．その結果，ヒトとイヌとの収斂進化という非常に斬新な仮説が示され，イヌの研究を人間の理解につながる大きなテーマへと発展させたのである.

(1) 指の先にあるもの

ヒトの幼児は, 8カ月齢ごろに視野のなかにあるものに対する他人の指さしを理解できるようになる. その後, 視野の外に対する指さしを振り返って理解できるようになり, 16カ月齢までに自らも指さしを使って他者へ意図を伝えることができるようになる. このように指さし行動の発達はヒトの心の発達の指標となる. 霊長類研究では, 進化の過程をこのような他者の意図理解あるいは自身の意図表出の段階を比較することで推測してきた. ヘアはこの方法をイヌに応用して, イヌがヒトの指さしや視線の向きを手がかりに, 伏せられた2つの不透明な容器のうち, どちらに餌が隠されているかをあてることができることを示した (指さし二者選択課題, 詳細は第2章2.2節を参照). 驚くべきことに, ヒトの近縁種であるチンパンジーはこの課題を達成することができない. また, イヌと共通の祖先をもつオオカミもヒトの指さしを理解することは困難である (チンパンジーやオオカミも訓練によって理解するようにはなることが報告されている). ヒトとの生活の経験がほとんどない子犬でも正確に選択できることから, 日常生活における学習の影響は完全に排除できないものの, おそらく生得的にイヌが身につけている能力であると考えられる. なお, ヤギ, ウマ, ネコなどのそのほかの家畜も指さしを理解することができる. 家畜化のプロセスがなんらかの影響をおよぼしていることはまちがいないだろう.

(2) 視線の意味すること

一方, ミクロシは指さしの理解とは違った方法で, イヌのコミュニケーション・スキルの特異性を示した. 容器のなかに餌を入れ, ふたを開ければ餌を食べることができることを覚えさせたイヌに, ふたが開かないように固定された容器を提示するという実験でイヌとオオカミを比較した (解決不可能課題). すべてのオオカミは自力で餌を得ようと, 2分間一度も実験者をみることはなかったのに対して, ほとんどのイヌはすぐに実験者に視線を送った. イヌは容器と実験者を交互にみて (交互凝視), 実験者の注意を容器に向けさせるような行動を示した. イヌは問題解決のためにヒトの協力を求める提示行動として視線を利用していると考えられる.

イヌからの視線利用だけではなく，ヒトの視線もヒトの注意状態を知るためにイヌにとって重要なシグナルとなる．マックスプランク進化人類学研究所のコールらの報告によると，イヌの前に餌を置き，そのまま待機させた状態で，実験者が後ろを向いていたり，身体は正面を向いていても目を閉じていたり，ほかのことに注意を向けていたりすると，イヌは待機の指示を破って餌を食べてしまう．また，エトヴェシュ・ロラーンド大学のガチらは，ボールを投げてもってくるように指示したあとに実験者が後ろを向くと，イヌは実験者の正面にまわって戻ってくることを示した．さらにケンブリッジ大学のカミンスキーらによる実験では，対象物を2つ置き，実験者からは衝立で片方がみえないような設定でイヌに対象物をもってくるよう指示を出すと，イヌは自分自身には両方の物体がみえているにもかかわらず，ヒトがみえているほうをもってくる．つまり，イヌはヒトの視線の有無や向きから，ヒトが自分や対象物に対して注意を向けているかどうかを理解することができるのである．私たちがイヌと円滑にやりとりをすることができる背景には，このようなイヌの高度な認知能力があるとも考えられる.

（3）　知っていることを知っている

イヌはヒトの注意状態を理解できるが，ヒトの知識状態を理解することはできるだろうか．注意状態は指さしや視線の明確なシグナルで理解できるが，知識状態は不可視であるため，かなり高度な認知レベルが必要となる．イヌのヒトの知識状態の理解を調べるためにエトヴェシュ・ロラーンド大学のヴィラニーらが行った，実験室内でイヌの目の前でおもちゃなどの対象物を隠したあと，隠したことを知らない人物が入室したときのイヌの行動を調べた実験がある．あとから入室した人物が餌を隠した現場をみていない場合に，現場をみたあとに退室し，ふたたび入室した場合に比べて，イヌはその人物と隠し場所に対して交互凝視などの行動を多く示した．このような提示行動をイヌが示すためには，少なくともイヌが飼い主に働きかけることでおもちゃで遊ぶことができることを期待しているという前提条件があるものの，ヒトの知識状態に対するある程度の理解力をもっていることを示している.

(4) 言葉の理解

ヒトの言葉をイヌはどの程度理解しているのか．このテーマに取り組んだのはマックスプランク進化人類学研究所のカミンスキーである．彼女はリコというボーダー・コリーを使って単語学習の過程を示した．リコは一般家庭でペットとして飼われており，その間にすでに200単語ものおもちゃの名前を覚えていた．飼い主や実験者の姿がみえない場所から実験者らがいった名前のおもちゃをもってこさせる実験では，9割近い正答率を示した．当然ヒトが無意識に示す手がかりもなかった．リコのもっとも驚くべき点は，消去法を用いて新しい単語とおもちゃを関連づけることができたことである．今まで使ったことのなかった単語を述べると，リコは複数のおもちゃのなかから初めてみるおもちゃをもってくるのである．これはヒト幼児にみられる非常に効率のよい単語の習得法と同じである．カミンスキーは，言葉だけではなく実物大ではない模型や写真を用いても，イヌが正しいおもちゃをもってくることができることを確認している．心理学者のピリーは，さらにイヌが単語をカテゴリーに分けて記憶している可能性を示した．

4.4 イヌにみられる共感

共感とは，他個体の感情や意図を感じとることであり，同一化することで相手を慰めたり，助けたり，協調的な行動をとることができるようになる．つまり，共感は他個体とのコミュニケーションを円滑にするだけではなく，向社会的な行動を起こさせる動機にもなるのである．ヒトの発達の初期段階では，他者の経験したある情動状態が受け手に同様の状態を引き起こす情動伝染が観察される．情動伝染は非常に原始的な共感の形（あるいは共感の発現の前提）であり，無意識のうちに生じ，その情動の由来が自己なのか他者なのか区別することができない段階であるといえる．その後，共感のレベルは同情的関心や共感的他者視線の取得へと発達する．前者は苦痛の情動を示している他者を慰めようとする傾向（ヒト幼児の9カ月齢ごろにみられる），後者は自発的な助け行動（14カ月齢ごろ）の発現につながる．このように共感には高次の認知能力が必要であるため，長い間ヒトにしかみられない現象だとされてきた．しかし，近年ではヒト以外の動物も共感の一部あるいは芽生えと解釈できるような行動を示すことが指摘されるようになり，共感の少なくとも一部は進化の過程で発達してきた，種を超えた連続的なものであると考えられる．

（1） 動物にみられる共感の芽生え

議論の余地はあるものの，ヒト以外の動物における共感の芽生えが実験的に証明されつつある．たとえば，レバーを押すと餌がもらえるよう訓練されたラットは，そのレバー押しによって隣のラットに電気ショックが与えられるのをみると，レバー押しをやめることが報告されている．また，マックギル大学のラングフォードらの研究では，腹痛を起こさせる酢酸を２匹のマウスに同時に投与したところ，見知らぬどうしではなく同居していた仲間どうしの場合に，片方のマウスの苦痛をみることでもう片方の痛み反応が増大した．チンパンジーは，社会的に近い仲間が苦痛を受けているビデオ映像に対して，自分が感じているような反応を示した．より高次のものとしては慰め行動があげられる．ヘルシンキ大学のコスキらは，チンパンジーでは同種どうしの衝突のあとに，第三者が敗者の体にふれるなどの慰めをもたらすような行動を示すことを見出している．また，京都大学霊長類研究所の山本真也らによると，チンパンジーは仲間が必要としている道具がなにかを理解し（ジュースを飲むためのストローや遠くの食べものを取るための棒など），要求されればそれを渡すことができる．シカゴ大学のバータルらによって，ラットでは箱に閉じ込められた仲間を助け出す行動が報告されている．

（2） イヌ–ヒト間の共感

イヌ科の動物は群れで協力的に行動することから，イヌも高い社会スキルをもっていると考えられる．アントワープ大学のクールスらの観察研究によって，イヌでもけんかのあとに第三者が負けた個体に近づいて，舐めたり，隣に座ったり遊びに誘うなどの慰め行動が報告されている．また，イヌはヒトと特別な関係を築くことのできる動物であり，前述のとおり飼い主の注意や知識の状態を理解している可能性があることから，異種であるイヌがヒトに対して共感するかどうかは非常に興味深い課題である．たとえば，テキサス大学のジョーンズらは，イヌがハンドラーの指示にしたがって障害物をクリアしていくというアジリティ競技の際，飼い主のテストステロン値とイヌのコルチゾール値の変化に相関がみられることを報告しており，飼い主のストレスがイヌにネガティブな情動を喚起している可能性を示した．逸話的報告ではあるが，イヌは，ヒトが苦痛を受けているふりをすると，ヒト幼児と同じように動揺しているような様子をみせた．また，ロンドン大学の千住淳らは，ヒトのあくびがイヌにうつることを示した．あくび伝染のメカニズムはまだ解明されていないが，ヒトのあくびの伝染は無意識の同調を反映しており，共感に関連する現象であると考えられている．なお，あくび伝染は，東京大学のロメロらによってオオカミでも確認されており，ルンド大学のマドセンらの研究から，チンパンジーではイヌと同様にヒトのあくびが伝染することがわかっている．より高次の共感には他個体がなにを感じ，考えているかを理解する必要がある．前節で述べたように，イヌはヒトの注意状態や知識状態を理解できている可能性もあることから，共感の芽生えは感じられるかもしれない．

一方，イヌの共感の能力については否定的な研究結果もある．イヌはマークテスト（自分自身ではみることができない体のある部分にシールなどのマークをつけて鏡をみせた場合，鏡に映るマークと自身の体との位置関係を理解し，鏡に映っているのは自分であると認識できるかを調べるテスト）による自己鏡像認知ができない．一部の霊長類は鏡に映った姿を自分だと理解し，普段はみることができない背中や口のなかなどの体の部位を鏡を利用してみようとするが，発達心理学者のザゾによると，イヌは他個体に対するように鏡に向かって吠えたり，鏡を調べたりするが，そのうち関心を失う．ウェスタンオンタリオ大学のマクファーソンらは，飼い主が危機的状況に陥ったときにイヌが第三者に助けを求めるかどうかをテストしたが，残念ながらイヌの助け行動はみられなかった．ただし，これは飼い主の演技であり，現実の危機ではないことがイヌには理解できていた可能性がある．いずれも視覚情報に依存する実験であり，種内では基本的には嗅覚によって個体やその情動状態を判断するイヌが，なにをもって判断しているかは不明である．このような研究は，おもにヒトの乳幼児や霊長類で行われてきた方法をイヌに応用して行われているが，イヌのもつ共感する能力を明らかにするには，イヌの体の構造や感覚，習性を考慮した実験系の確立が待たれる．

4.5 日本犬の社会的認知能力

筆者らは，遺伝的にオオカミに近いとされている日本犬は認知能力もオオカミに近いと仮説を立てて実験を行っている．この節では，そのいくつかを紹介したい．

（1） 空間認知能力

第3章ですでに述べたが，筆者らは日本犬の認知機能障害の早期発見のための物体認知テストを開発した．1つだけ餌の入った，ふたをした3つの容器を呈示し，イヌに選ばせる．餌が入っている容器の場所は固定されており，イヌが正解の容器にふれたときだけ報酬としてなかに入っている餌を与える．イヌが試行錯誤の後に正解の容器に4回連続してふれたら課題達成とする．これを1時間後にふたたび，正解の場所を変えて行う．それぞれの課題達成までに要した試行数と，2回目の課題の試行数が1回目よりも減少するかどうかでイヌの認知能力を測定する．柴犬とラブラドール・レトリーバーを比較したところ，課題達成にかかった試行は柴犬のほうが短く，また柴犬にのみ試行数と年齢との間に相関がみられた．これは物体や空間の認知能力に関して，イヌよりもオオカミが優れていることや，日本犬の認知障害の発症率が欧米犬種に比べて高いことと関連しているのかもしれない．

（2） 社会的認知能力

一方，オオカミよりもイヌのほうが優れているという社会的認知能力に関してはどうだろうか．オオカミはヒトのジェスチャーを理解せず，またヒトへの依存がまったくみられないという先行研究から，筆者らは，日本犬はオオカミと欧米犬種の中間に位置するのではないかと仮説を立てた．筆者らは，ヒトの指さしジェスチャーの理解を調べる指さし二者選択課題と，自身で解決できない困難に遭遇した際のヒトへの依存の程度や視線利用の有無を調べる解決不可能課題の2つを用いて，日本犬種を含む原始的なイヌのグループとそのほかの欧米犬種との比較を行った．その結果，原始的なイヌのグループは，指さしの理解は欧米犬種と同等あるいは優れているが，解決不可能課題ではヒトのほうを振り返り，みつめる時間が少ないことがわかった．また，この2つの課題の成績には相関はみられなかった（外池，博士論文より）．すなわち，原始的なイヌも優れたコミュニケーション・スキルを有している一方，オオカミと同様にヒトに依存せず，視線を使用しないという，それぞれ異なる傾向がみられたのである．この結果の違いはイヌの家畜化の過程におけるヒトとのかかわり合い方の解明につながる可能性があり，今後の興味深い研究テーマとなるであろう．

（3）　日本犬の生物資源としての価値

原始的なイヌグループに含まれる日本犬は，ヒトの指さしジェスチャーを理解するコミュニケーション・スキルをもっているが，困難に直面した場合のヒトへの依存度が低く，自身の視線をヒトへのコミュニケーションに利用しない可能性が示された．つまり，ヒトとのコミュニケーションに関する能力がオオカミと欧米犬種の中間に位置するのではなく，課題ごとにできることやその程度が異なることが考えられる．これは「イヌの行動はオオカミの行動パターンのある種の構造をモザイク状に表している」というミクロシの指摘に合致する．

では，この違いはなにを示唆しているのだろうか．イヌの家畜化には，イヌとオオカミの共通の祖先種からの分岐と，犬種を作成するための人為的にコントロールされた選択的繁殖との2段階があったと考えられている．オオカミ，原始的なイヌ，一般的な犬種との順番で傾斜がみられた解決不可能課題でヒトへ視線を利用し依存する能力は，犬種を作成するための人為的にコントロールされた選択的繁殖に関連していると考えられる．一方，原始的なグループのイヌも一般的な犬種と同等の成績であった指さし二者選択課題については，オオカミからイヌへと家畜化された第1段階目に関連しており，祖先種から原始的なグループへと進化した際には，もうすでに指さし二者選択課題でヒトの社会的指示を読み取る能力は獲得していたのではないだろうか．解決不可能課題でヒトを参照する能力と指さし二者選択課題でヒトからの社会的な指示を読み取る能力との間に関連性がみられなかったことは，それらがともにイヌが獲得した社会的認知能力ではあるが，別個に獲得されたものであることを支持する結果である.

筆者らは日本犬のこのような能力の違いを利用し，遺伝子多型との関連を調べることで，いまだ不明であるイヌの進化・家畜化の経緯をある程度は明らかにできるのではないかと考えている．日本犬はオオカミと欧米犬種の狭間に位置する存在として，その生物資源としての価値は大きいと考えられる.

第I部 参考文献

［第1章］

Barker, P. J. *et al.* 2004. Polygynandry in a red fox population : implications for the evolution of group living in canids? Behavioral Ecology, 15 : 766–778.

Carmichael, L. E. *et al.* 2007. Free love in the far north : plural breeding and polyandry of arctic foxes（*Alopex lagopus*）on Bylot Island, Nunavut. Canadian Journal of Zoology, 85 : 338–343.

Davis, S. J. M. *et al.* 1978. Evidence for domestication of the dog 12,000 years ago in the Natufian of Israel. Nature, 276 : 608–610.

Freedman, A. H. *et al.* 2014. Genome sequencing highlights the dynamic early history of dogs. PLOS Genetics, 10 : e1004016.

Green, R. E. *et al.* 2010. A draft sequence of the Neandertal genome. Science, 7 : 710–722.

Higham, T. *et al.* 2014. The timing and spatiotemporal patterning of Neanderthal disappearance. Nature, 512 : 306–309.

Lindblad-Toh, K. *et al.* 2005. Genome sequence, comparative analysis and haplotype structure of the domestic dog. Nature, 438 : 803–819.

Lyras, G. A. *et al.* 2003. External brain anatomy in relation to the phylogeny of Caninae（Carnivora : Canidae）. Zoological Journal of the Linnean Society, 138 : 505–522.

Ovodov, N. D. *et al.* 2011. A 33,000-year-old incipient dog from the Altai Mountains of Siberia : evidence of the earliest domestication disrupted by the Last Glacial Maximum. PLoS ONE, 6 : e22821.

Trut, L. N. 2001. Experimental studies of early canid domestication. *In*（Ruvinsky, A. and J. Sampson, eds.）The Genetics of the Dog. pp. 15–41. CABI Publishing, New York.

Vila, C. *et al.* 1997. Multiple and ancient origins of the domestic dog. Science, 276 : 1687–1689.

Vucetich, J. A. *et al.* 2004. Raven scavenging favours group foraging in wolves. Animal Behaviour, 67 : 1117–1126.

Young, L. J. *et al.* 1998. Neuroendocrine bases of monogamy. Trends Neuroscience, 21 : 71–75.

アダム・ミクロシ（藪田慎司ほか訳）．2014．イヌの動物行動学――行動，進化，認知．東海大学出版部，泰野．
河合信和．2010．ヒトの進化――七〇〇万年史．筑摩書房，東京．
クラットン＝ブロック，J．1999．犬の起源――家畜化と初期の歴史．（ジェームス・サーペル，編：犬――その進化，行動，人との関係）pp. 31–48．チクサン出版社，東京．
コンラート・ローレンツ（小原秀雄訳）．1966．人イヌにあう．至誠堂，東京．
戸川幸夫．1993．イヌと人間――エベンキの村で．週刊朝日百科　動物たちの地球，13：254–255.

［第**2**章］

Belyaev, D. K. 1979. Destabilizing selection as a factor in domestication. Journal of Heredity, 70：301–308.
Hare, B. *et al*. 2002. The domestication of social cognition in dogs. Science, 298：1634–1636.
Hare, B. *et al*. 2005a. Human-like social skills in dogs? Trends in Cognitive Sciences, 9：439–444.
Hare, B. *et al*. 2005b. Social cognitive evolution in captive foxes is a correlated by-product of experimental domestication. Current Biology, 15：226–230.
Trut, L. N. 2001. Experimental studies of early canid domestication. *In*（Ruvinsky, A. and J. Sampson, eds.）The Genetics of the Dog. pp. 15–41. CABI Publishing, New York.
Udell, M. A. R. *et al*. 2008. Wolves outperform dogs in following human social cues. Animal Behaviour, 76：1767–1773.
Wobber, V. E. *et al*. 2009. Breed differences in domestic dogs'（*Canis familiaris*）comprehension of human communicative signals. Interaction Studies, 10：206–224.
エヴァン・ラトリフ．2011．野生動物――ペットへの道．ナショナルジオグラフィック 2011 年 3 月号．日経ナショナルジオグラフィック社，東京．
ブライアン・ヘア，ヴァネッサ・ウッズ（古草秀子訳）．2013．あなたの犬は「天才」だ．早川書房，東京．
宮田隆．2004．収斂と放散の進化を読み解く――四足動物の起源を見直す．季刊「生命誌」59 号，宮田隆の進化の話．https://www.brh.co.jp/research/formerlab/miyata/

［第**3**章］

Anderson, T. M. *et al*. 2009. Molecular and evolutionary history of melanism in North American gray wolves. Science, 323：1339–1343.
Appleby, D. L. *et al*. 2002. Relationship between aggressive and avoidance behaviour by dogs and their experience in the first six months of life. The Veterinary Record, 150：434–438.
Arata, S. *et al*. 2014. "Reactivity to stimuli" is a temperamental factor contribut-

ing to canine aggression. PLoS ONE, 9 : e100767.

Bonanni, R. *et al.* 2014. The social organization of a population of free-ranging dogs in a suburban area of Rome : a reassessment of the effects of domestication of dogs' behaviour. *In* (Kaminski, J. and S. Marshall-Pescini, eds.) The Social Dog : Behavior and Cognition. pp. 65–104. Academic Press, New York.

Elliot, O. and J. P. Scott. 1961. The development of emotional distress reactions to separation, in puppies. The Journal of Genetic Psychology, 99 : 3–22.

Fox, M. W. 1978. The Dog : Its Domestication and Behavior. Garland STPM Press, New York.

Fox, M. W. *et al.* 1966. Approach/withdrawal variables in the development of social behaviour in the dog. Animal Behaviour, 14 : 362–366.

Francis, D. *et al.* 1999. Nongenomic transmission across generations of maternal behavior and stress responses in the rat. Science, 286 : 1155–1158.

Frank, H. *et al.* 1982. On the effects of domestication on canine social development and behavior. Applied Animal Ethology, 8 : 507–525.

Frank, H. *et al.* 1987. The University of Michigan canine information-processing project. *In* (Frank, H., ed.) Man and Wolf : Advances, Issues, and Problems in Captive Wolf Research. pp. 143–167. Dr. W. Junk Publishers, Dordrecht.

Freedman, D. G. *et al.* 1961. Critical period in the social development of dogs. Science, 133 : 1016–1017.

Gácsi, M. *et al.* 2005. Species-specific differences and similarities in the behavior of hand-raised dog and wolf pups in social situations with humans. Developmental Psychobiology, 47 : 111–122.

Gese, E. M. *et al.* 1991. Dispersal of wolves (*Canis lupus*) in northeastern Minnesota, 1969–1989. Canadian Journal of Zoology, 69 : 2946–2955.

Goodwin, D. *et al.* 1997. Paedomorphosis affects agonistic visual signals of domestic dogs. Animal Behaviour, 53 : 297–304.

Goto, A. *et al.* 2012. Risk factors for canine tail chasing behaviour in Japan. The Veterinary Journal, 192 : 445–448.

Ito, H. *et al.* 2004. Allele frequency distribution of the canine dopamine receptor D4 gene exon III and I in 23 breeds. Journal of Veterinary Medical Science, 66 : 815–820.

Klinghammer, E. *et al.* 1987. Socialization and management of wolves in captivity. *In* (Frank, H., ed.) Man and Wolf : Advances, Issues, and Problems in Captive Wolf Research. pp. 31–61. Dr. W. Junk Publishers, Dordrecht.

Liu, D. *et al.* 1997. Maternal care, hippocampal glucocorticoid receptors, and hypothalamic-pituitary-adrenal responses to stress. Science, 277 : 1659–1662.

Lord, K. 2013. A comparison of the sensory development of wolves (*Canis lupus lupus*) and dogs (*Canis lupus familiaris*). Ethology, 119 : 110–120.

Mech, L. D. 1970. The Wolf : The Ecology and Behavior of an Endangered Spe-

cies. Natural History Press, New York.
Moriceau, S. *et al.* 2006. Maternal presence serves as a switch between learning fear and attraction in infancy. Nature Neuroscience, 9：1004-1006.
Nagasawa, M. *et al.* 2012. New behavioral test for detecting decline of age-related cognitive ability in dogs. Journal of Veterinary Behavior：Clinical Applications and Research, 7：220-224.
Nagasawa, M. *et al.* 2014. The behavioral and endocrinological development of stress response in dogs. Developmental Psychobiology, 56：726-733.
Parker, H. G. *et al.* 2004. Genetic structure of the purebred domestic dog. Science, 304：1160-1164.
Scott, J. P. *et al.* 1965. Genetics and the Social Behavior of the Dog. The University of Chicago Press, Chicago.
Slabbert, J. M. *et al.* 1993. The effect of early separation from the mother on pups in bonding to humans and pup health. Journal of the South African Veterinary Association, 64：4-8.
Topál, J. *et al.* 2005. Attachment to humans：a comparative study on hand-reared wolves and differently socialized dog puppies. Animal Behaviour, 70：1367-1375.
Ueda, S. *et al.* 2014. A comparison of facial color pattern and gazing behavior in Canid species suggests gaze communication in gray wolves（*Canis lupus*）. PLoS ONE, 9：e98217.
Virányi, Z. *et al.* 2014. On the way to a better understanding of dog domestication：aggression and cooperativeness in dogs and wolves. *In*（Kaminski, J. and Marshall-Pescini, eds.）The Social Dog：Behavior and Cognition. pp. 35-64. Academic Press, New York.
vonHoldt, B. M. *et al.* 2010. Genome-wide SNP and haplotype analyses reveal a rich history underlying dog domestication. Nature, 464：898-902.
Zimen, E. 1987. Ontogeny of approach and flight behavior towards humans in wolves, poodles and wolf-poodle hybrids. *In*（Frank, H., ed.）Man and Wolf：Advances, Issues, and Problems in Captive Wolf Research. pp. 275-292. Dr. W. Junk Publishers, Dordrecht.
アダム・ミクロシ（藪田慎司ほか訳）．2014．イヌの動物行動学――行動，進化，認知．東海大学出版部，秦野．
内野富弥．2005．日本犬痴呆の発生状況とコントロールの現況（特集　犬の痴呆）．獣医畜産新報，58：765-774.
エリック・ツィーメン（白石哲訳）．1977．オオカミとイヌ（世界動物記シリーズ）．新思索社，東京．
クラットン＝ブロック，J．1999．犬の起源――家畜化と初期の歴史．（ジェームス・サーペル，編：犬――その進化，行動，人との関係）pp. 31-48．チクサン出版社，東京．
コッピンガー，R.，シュナイダー，R．1999．使役犬の進化．（ジェームス・サーペル，編：犬――その進化，行動，人との関係）pp. 49-86．チクサン出版社，東京．
田名部雄一．2007．人と犬のきずな——遺伝子からそのルーツを探る．裳華房，東京．
田名部雄一・山崎薫．2001．評定依頼調査に基づく犬品種による行動特性の違い——家庭犬への適性を中心に．獣医畜産新報，54：9-14．
ベンジャミン・L.ハート，リネット・A.ハート．1992．生涯の友を得る愛犬選び——一目でわかるイヌの性格と行動．日経サイエンス社，東京．
ボアターニ，L.ほか．1999．イタリア中央部における野犬の集団生活史とその生態．（ジェームス・サーペル，編：犬——その進化，行動，人との関係）pp. 301-336．チクサン出版社，東京．

［第4章］

Adachi, I. *et al.* 2007. Dogs recall their owner's face upon hearing the owner's voice. Animal Cognition, 10：17-21.
Anderson, J. R. *et al.* 2004. Contagious yawning in chimpanzees. Proceedings of the Royal Society B：Biological Science, 271：S468-S470.
Bartal, I. B. A. *et al.* 2011. Empathy and pro-social behavior in rats. Science, 334：1427-1430.
Call, J. *et al.* 2003. Domestic dogs are sensitive to the attentional state of humans. Journal of Comparative Psychology, 117：257-263.
Chijiiwa, H. *et al.* 2015. Dogs avoid people who behave negatively to their owner：third-party affective evaluation. Animal Behaviour, 106：123–127.
Cools, A. K. A. *et al.* 2008. Canine reconciliation and third-party-initiated postconflict affiliation：do peacemaking social mechanisms in dogs rival those of higher primates? Ethology, 114：53-63.
Faragó, T. *et al.* 2010. Dogs' expectation about signalers' body size by virtue of their growls. PLoS ONE, 5：e15175.
Frank, H. *et al.* 1985. Comparative manipulation-test performance in ten-week-old wolves（*Canis lupus*）and alaskan malamutes（*Canis familiaris*）：a piagetian interpretation. Journal of Comparative Psychology, 99：266-274.
Gácsi, M. *et al.* 2004. Are readers of our face readers of our minds? Dogs（*Canis familiaris*）show situation-dependent recognition of human's attention. Animal Cognition, 7：144-153.
Hare, B. *et al.* 2002. The domestication of social cognition in dogs. Science, 298：1634-1636.
Jones, A. C. *et al.* 2006. Interspecies hormonal interactions between man and the domestic dog（*Canis familiaris*）. Hormones and Behavior, 50：393-400.
Kaminski, J. *et al.* 2004. Word learning in a domestic dog：evidence for "fast mapping". Science, 304：1682-1683.
Kaminski, J. *et al.* 2009. Domestic dogs are sensitive to a human's perspective. Behaviour, 146：979-998.
Koski, S. E. *et al.* 2007. Triadic postconflict affiliation in captive chimpanzees：

does consolation console? Animal Behaviour, 73：133–142.

Langford, D. *et al.* 2006. Social modulation of pain as evidence for empathy in mice. Science, 312：1967–1970.

Lore, R. K. *et al.* 1986. Avoidance reactions of domestic dogs to unfamiliar male and female humans in a kennel setting. Applied Animal Behaviour Science, 15：261–266.

Macpherson, K. and W. A. Roberts. 2006. Do dogs (*Canis familiaris*) seek help in an emergency? Journal of Comparative Psychology, 120：113–119.

Madsen, E. A. *et al.* 2013. Chimpanzees show a developmental increase in susceptibility to contagious yawning：a test of the effect of ontogeny and emotional closeness on yawn contagion. PLoS ONE, 8：e76266.

Miklósi, Á. *et al.* 2003. A simple reason for a big difference：wolves do not look back at humans, but dogs do. Current Biology, 13：763–766.

Mitsui, S. *et al.* 2011. Urinary oxytocin as a noninvasive biomarker of positive emotion in dogs. Hormones and Behavior, 60：239–243.

Müler, C. A. *et al.* 2011. Female but not male dogs respond to a size constancy violation. Biology Letters, 7：689–691.

Nagasawa, M. *et al.* 2009. Attachment between humans and dogs. Japanese Psychological Research, 51：209–221.

Nagasawa, M. *et al.* 2011. Dogs can discriminate human smiling faces from blank expressions. Animal Cognition, 14：525–533.

Nagasawa, M. *et al.* 2012. A new behavioral test for detecting decline of age-related cognitive ability in dogs. Journal of Veterinary Behavior：Clinical Applications and Research, 7：220–224.

Nagasawa, M. *et al.* 2015. Oxytocin-gaze positive loop and the coevolution of human-dog bonds. Science, 348：333–336.

Odendaal, J. S. *et al.* 2003. Neurophysiological correlates of affiliative behaviour between humans and dogs. The Veterinary Journal, 165：296–301.

Osthaus, B. *et al.* 2005. Dogs (*Canis lupus familiaris*) fail to show understanding of means-end connections in a string-pulling task. Animal Cognition, 8：37–47.

Osthaus, B. *et al.* 2010. Minding the gap：spatial perseveration error in dogs. Animal Cognition, 13：881–885.

Pongrácz, P. *et al.* 2001. Social learning in dogs：the effect of a human demonstrator on the performance of dogs in a detour task. Animal Behaviour, 62：1109–1117.

Romero, T. *et al.* 2014. Social modulation of contagious yawning in wolves. PLoS ONE, 9：e105963.

Senju, A. *et al.* 2007. Absence of contagious yawning in children with autism spectrum disorder. Biology Letters, 3：706–708.

Topál, J. *et al.* 1998. Attachment behavior in dogs (*Canis familiaris*)：a new application of Ainsworth's (1969) Strange Situation Test. Journal of Comparative Psychology, 112：219-229.

Vas, J. *et al.* 2005. A friend or an enemy? Dogs' reaction to an unfamiliar person showing behavioural cues of threat and friendliness at different times. Applied Animal Behaviour Science, 94：99-115.

Virányi, Z. *et al.* 2006. A nonverbal test of knowledge attribution: a comparative study on dogs and children. Animal Cognition, 9：13-26.

Yamamoto, S. *et al.* 2009. Chimpanzees help each other upon request. PLoS ONE, 4：e7416.

アダム・ミクロシ（藪田慎司ほか訳）. 2014. イヌの動物行動学――行動，進化，認知．東海大学出版部，泰野．

高岡祥子ほか．2013. イヌ（*Canis familiaris*）におけるヒトの性別の感覚統合的概念．動物心理学研究，63：123-130.

外池亜紀子．2015. イヌの進化に関する研究――認知能力の犬種間比較と関連遺伝子の探索．麻布大学大学院博士論文．

中島定彦．2007. イヌの認知能力に関する心理学研究――歴史と現状．生物科学，58：166-176.

ブライアン・ヘア，ヴァネッサ・ウッズ（古草秀子訳）. 2013. あなたの犬は「天才」だ．早川書房，東京．

ルネ・ザゾ（加藤義信訳）. 1999. 鏡の心理学――自己像の発達．ミネルヴァ書房，京都．

II 進化

外池亜紀子

イヌはもっとも古くに家畜化された動物であり，現代ではネコと並んで世界的に広く飼育されている．家畜化された動物のなかでも，イヌのヒト社会への溶け込み方は群を抜いて特別である．家族同様に扱われることも少なくはなく，イヌにはヒトを惹きつけ，ヒトとうまく生活する特別な性質や能力があるのであろう．それらの性質や能力は，イヌが祖先種から受け継ぎ，そして独自に発展させてきたものだと考えられる．イヌに形態や習性が近い動物としては，オオカミ，コヨーテ，ジャッカルがあげられる．実際にこれらの動物は，相互に交配が可能でその子も繁殖能力をもつことから，遺伝的・進化的に非常に近い関係性にあるといえる．イヌの進化について，世界中でさまざまな研究が進められ，現在（2015年）では，イヌはオオカミともっとも近縁であり，オオカミと分岐した時期はおよそ1万5000年前であるといわれている．しかしながら，世界で最初のイヌがどこでどのように発生したのかなど，イヌの起源や歴史についてはまだまだ不明な点も多い．第II部では，イヌの進化に関する考古学的研究と遺伝子研究について広く紹介していくとともに，世界のイヌのなかでの日本犬の位置づけや日本犬の歴史について科学的にひも解いていく．古代の遺跡をみると，日本犬は縄文時代にはすでにヒトの近くで生活していたようである．また，その遺伝子を世界のイヌと比較すると，さまざまな犬種のなかでもとくに日本犬はオオカミに近いようである．古代のイヌの遺伝子をより強く継承し，古い時代の特徴を色濃く残す日本犬は，イヌの起源を解明する鍵となる貴重な犬種であるといえるであろう．

5 考古学からみた日本犬の起源

5.1 日本で最古の犬骨の出土——夏島貝塚

（1） 縄文時代早期の貝塚

日本における最古のイヌの骨は，日本最古級の貝塚である夏島貝塚（神奈川県横須賀市）から発掘された縄文時代早期（およそ 9500 年前）のものである．縄文時代早期は，人々が今までの狩猟生活に加え，魚や貝などを食糧資源として活用し始めた時期である．食糧資源の変化とともに人々はしだいに定住するようになった．この生活の変化にともない形成されたもののひとつがゴミ捨て場である貝塚である．貝塚からは貝殻のほかに，土器・石器，人骨・獣骨などが出土するため，貝塚はその時代の人々の生活を知るうえで重要な記録となっている．貝塚では貝殻のカルシウムが土に溶け出し土壌の性質を中和するため，動物や魚の骨がよく保存されており，夏島貝塚をはじめとする貝塚からは古い犬骨が多く出土している．

（2） 夏島貝塚の調査のはじまり

夏島貝塚がある夏島は，整地埋立のために現在は陸続きとなっているが，かつては東京湾に浮かぶ島であった．米軍基地のなかにあったために長い間調査がなされてこなかった．戦後，米軍の将校たちが，日本民族およびその起源について学ぶ研究会を継続的に開き，その講師を務めたのが明治大学考古学研究室の後藤守一と杉原荘介であった．この研究会の修了にともない，講師へのお礼として夏島への立ち入りの許可が得られ，1950 年に学術調査が始まった.

（3） 夏島貝塚の出土品

発掘調査の記録によると，夏島貝塚は3つの貝層と2つの混土貝層から構成されている．夏島貝塚からは貝殻や土器のほかに多数の石鏃や骨鏃が出土しており，この時代の人々は狩猟に弓矢を使っていたと思われる．第1貝層からはイノシシ，タヌキ，ウサギなどの獣類のほかに，キジ，カモなどの鳥類も出土しており，人々が食糧としていたものと思われる．さらには，イヌの骨も出土したが，当時からイヌが狩猟に用いられていたのかは定かではない．夏島貝塚の出土品の多くは明治大学考古学博物館に収蔵されているが，犬骨を含む哺乳類の骨については所在が公開されていない.

（4） 夏島貝塚の古さ

明治大学考古学研究室が，第1貝層から出土したカキの貝殻と木炭をミシガン大学に送り，放射性炭素年代測定法（C14法）で調べたところ，出土したカキの貝殻や木炭はおよそ9500年前のものだということが明らかとなった．放射性炭素年代測定法は，炭素の放射性同位体14を使って行う考古学試料などで用いられる年代測定法である．大気中に一定の濃度で含まれる炭素14が生物体にほぼ同濃度で取り込まれ，死後はその半減期にしたがって低下していくという性質を利用した測定法である．当時，日本列島の縄文時代に比定されるユーラシア大陸における新石器時代の上限は7000年前から8000年前くらいであろうと考えられており，縄文時代の上限はそれより下ると推測されていた．この予想を1000年以上もさかのぼる結果に全世界の考古学者が仰天したと，夏島貝塚の出土遺物が重要文化財として国の指定を受けたことを記念して開かれた企画展にて，横須賀市の大塚眞弘は当時のことを語っている.

（5） イヌの骨の出土

イヌの骨は，カキの貝殻や木炭と同じ第1貝層より出土している．すなわち出土したイヌの骨はカキの貝殻や木炭と同じ年代のものであり，およそ9500年前のものと考えられ，夏島貝塚から出土したイヌの骨は，日本最古の犬骨となる．夏島貝塚よりイヌの骨が出土したことにより，9500年前（縄文時代早期）の人々の生活にはすでにイヌが近くにいたことがわかった．残念ながら出土した犬骨は量が少なく，DNA解析などのさらなる調査は行われていない．

5.2　共生の証としての日本最古のイヌ埋葬跡
――上黒岩岩陰遺跡

（1）埋葬されたイヌ

愛媛県久万高原町（旧美川村）にある上黒岩岩陰遺跡からは，1962年に2体分のイヌの全身骨が並んで埋葬された状態で発掘されている（図5.1）．2012年になって，慶應義塾大学文学部民族学考古学研究室が，それらの犬骨を放射性炭素年代測定法で測定したところ，それぞれ縄文時代早期末から前期初頭のもの（およそ7300年前から7200年前）だということが明らかとなった．これは，夏島貝塚で発掘された犬骨に次ぐ古さであり，埋葬された状態で発掘されたものとしては日本最古のものである．出土した犬骨が埋葬

図5.1　埋葬犬骨の出土状況（久万高原町提供）（慶應義塾大学・愛媛県久万高原町，2012より）．

されていたことより，7300年も前から人々はイヌをたんなる飼育動物としてではなく，家族や友人のような特別な思いをもって接してきた歴史がうかがえる．本遺跡は縄文時代の人々とイヌとの関係を知る手がかりとなる重要な遺跡である．

（2）　上黒岩岩陰遺跡の出土品

上黒岩岩陰遺跡は，1961年に遺跡の隣の家に住む少年により発見された．調査の結果，本遺跡は14層の堆積層からなることが明らかとなった．群馬県立自然史博物館の姉崎智子によると，本遺跡からは陸生哺乳類としては，イノシシ，シカが多く出土し，そのほかにはタヌキ，サル，キツネ，クマなどさまざまな種類が出土したとのことである．さらに，現在ではすでに絶滅してしまっているオオヤマネコやオオカミも含まれていた．また，2頭のイヌの埋葬骨は，第4層から発掘されている．発掘された2頭の犬骨は，調査終了後，所在が不明となっていたが，2011年の春に慶應義塾大学三田キャンパスの考古資料収蔵庫よりみつかり，放射性炭素年代測定法による年代の測定が行われた．

（3）　出土したイヌの骨

上黒岩岩陰遺跡から発掘された犬骨は，骨そのもので年代測定されたイヌとしては日本最古のものである．2頭の犬骨については，後に発掘された東名遺跡の犬骨とともに，慶應義塾大学の佐藤孝雄の率いる研究チームによって総合的な研究が進められた．研究の詳細については東名遺跡の項にて後述することとするが，形態観察によって，頭蓋の最大長がそれぞれ140 mmと160 mmと推定されている．さらにDNA分析も行われ，柴犬など現代の日本犬と一致するタイプの遺伝子が検出されている．このDNA分析により，縄文時代のイヌから現代のイヌまで同じ遺伝子の系列が受け継がれてきたことが示された．

（4）　田柄貝塚のイヌの骨

上黒岩岩陰遺跡のほかにも，縄文時代の遺跡からは，埋葬された状態の犬骨が多く出土している．宮城県気仙沼市にある田柄（たがら）貝塚（縄文後・晩期）からは，22頭と多くの埋葬犬骨が発掘されており，獨協医科大学第1解剖学教室の茂原信生と小野寺覚により，埋葬の状態がくわしく観察されている．犬骨は長円形（長径46-60 cm，短径40 45 cm）の掘り込みに埋葬されており，その姿勢は頭部を強く胴側に曲げているものが12例ともっとも多かった．そのなかでも，頭部を背の方へ屈曲させているものや，腹側に屈曲させているものなどがあった．そのほかには頭部の屈曲が弱いものが3例，頭部を前方へ伸ばしているものが1例あった．田柄貝塚の犬骨の埋葬様式にはいろいろな差異がみられ，一定ではなかったが，いずれの犬骨も掘り込みいっぱいに埋葬されている点においては共通していた．これらのことから，埋葬姿勢には決まった様式があったわけではなく，掘った掘り込みの形や広さによって決定されていたと推測できる．

5.3　出土した犬骨からわかったこと――東名遺跡

（1）　東名遺跡からの犬骨の出土

佐賀県佐賀市にある日本最古の湿地性貝塚跡である東名（ひがしみょう）遺跡（約7000年前，縄文時代早期末）は，洪水対策の調整池造成により偶然に発見されたものである．国土交通省九州地方整備局筑後川河川事務所の取組紹介によると，本遺跡は第1から第6貝塚よりなり，貝層の面積は合計1700 m^2 以上と広大である．発見された第1から第6貝塚のうち，第1と第2貝塚は発掘調査のあと消滅し，第3から第6貝塚は調査せずに盛土を施して保存された．東名遺跡出土の犬骨調査結果によると，本遺跡からは，発掘調査が行われた2004年から2007年の間に犬骨が計107点もみつかっている．本資料群は保存状態がきわめてよく，形質，系統，用途，飼育形態などの，縄文早期犬の総合的な調査・研究が慶應義塾大学の佐藤孝雄の率いる研究チームによって進められた．

（2）　縄文海進の影響

東名遺跡から発掘された犬骨の保存状態がよいおもな要因としては，本遺跡が貝塚であること（貝殻のカルシウムが土に溶け出し，土壌の性質を中和するため動物や魚の骨がよく残る)，湿潤な地層にあったこと，縄文海進（温暖化による海水面の上昇）の影響により一気に粘土層で覆われたこと，などがあげられる．日本列島では，気候の温暖化とともに7000年前ごろには魚介類の生息に適した浅い内湾が多くつくられた．縄文海進のピークはおよそ6000年前であり，東名遺跡は海水面が上昇し始めるころから営まれ，しだいに海水面が上昇してくる過程で住みにくい環境となったため，放棄されたと考えられる．

（3） 出土したイヌの骨

東名遺跡出土の犬骨調査結果によると，犬骨は第1と第2の両方の貝塚から発掘されており，そのなかには頭蓋骨，下顎骨，脛骨などが含まれていた．出土した哺乳類のなかでは，ニホンジカ，イノシシに次いで多く，狩猟犬として飼われていたものと推測される．出土した犬骨のうち，形質は頭蓋骨3点，DNA解析は下顎骨3点，食性解析は下顎骨11点について，それぞれ解析が行われた．

（4） イヌの骨の形質

東名遺跡の犬骨は，額段が浅く面長な形状を示す．これは一般的に知られている縄文犬の特徴と一致している（図5.2）．身体は縄文犬のなかでは比較的大きく，体高が43-47 cm程度と推定される．上黒岩岩陰遺跡の犬骨の計測結果と合わせてみると，縄文犬の大きさは一定ではなく，早期末から前期初頭までの間にある程度のサイズ差があったことがうかがえる（図5.3）．また，前臼歯に生前失歯がみつかっており，これは狩猟犬としての獲物の攻撃・捕獲によるものと推測される．

（5） イヌの骨の遺伝子解析

DNA解析では，東名遺跡および上黒岩岩陰遺跡より出土した犬骨から残存遺伝子が抽出され，PCRによりミトコンドリアDNA（mtDNA）のDループのDNAを増幅後，塩基配列が決定された．ミトコンドリアは細胞内の小器官であり，核DNAとは異なる独自のmtDNAをもっている．ミトコンドリアには複数コピーのmtDNAが存在する．そのため，考古学資料など

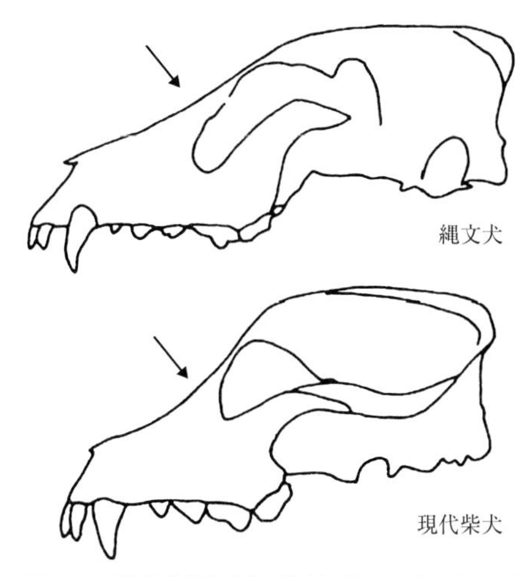

図 **5.2**　頭蓋骨側面観の比較（佐賀市役所教育委員会・社会教育部文化振興課，2013 より）．

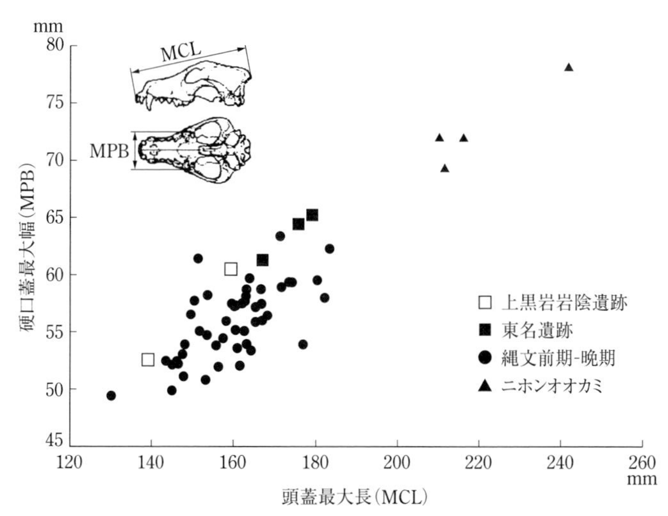

図 **5.3**　縄文犬とニホンオオカミの頭蓋計測値（佐賀市役所教育委員会・社会教育部文化振興課，2013 より）．

に含まれる微量かつ劣化した細胞からの遺伝子型の決定も可能となる．D ループは mtDNA の非コード領域であり，突然変異の起こる速度が速いために DNA 分析でよく用いられる．解析の結果，東名遺跡および上黒岩岩陰

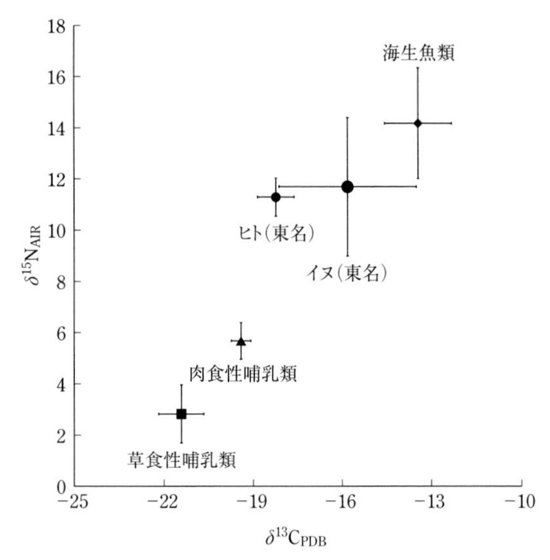

図 5.4　人骨および犬骨の炭素・窒素安定同位体比（佐賀市役所教育委員会・社会教育部文化振興課，2013 より）．

遺跡の犬骨は，ハプロタイプ（遺伝子の組み合せ）M1 と M20 をもつことが確認された．M1 は現存する柴犬，秋田犬，紀州犬で，M20 は柴犬，琉球犬でみられるハプロタイプである．M1 のハプロタイプは，縄文犬骨において初めて確認されたもので，東名遺跡および上黒岩岩陰遺跡の犬骨は列島在来犬の祖先である可能性が高いことが示され，これまでに DNA 解析によって在来犬の祖先と考えられている犬骨としては，最古のものとなった．

（6） イヌの骨の食性解析

炭素・窒素安定同位体比を用いて食性についての解析が行われた．炭素・窒素安定同位体比は，動物の食性解析に近年広く用いられている手法である．炭素同位体比からは，その動物が食べた植物の履歴が明らかとなる．窒素同位体比は，食物連鎖によって濃縮されることから食物連鎖の栄養段階の指標として使用される．上黒岩岩陰遺跡の犬骨は，近接して出土した人骨と近い安定同位体比を示したことから（図 5.4），これらのイヌはヒトの食べ残しを与えられていた可能性が高いと考えられる．東名遺跡の犬骨 11 点についいては，近接して出土した人骨と近い値を示すものもあれば少し異なるものもみられ，安定同位体比に多様性がみられた．このことから，縄文犬は個体により食事の内容が一様ではなかったことが推測される．

5.4 食用犬の痕跡——於下貝塚

（1） 於下貝塚の発掘調査

茨城県行方郡麻生町にある於下(おした)貝塚は道路改良工事にともない，1989 年より発掘調査が行われた．於下貝塚は，縄文中期から後期初頭にかけての遺跡である．千葉大学の加藤晋平と袁靖，茨城大学の茂木雅博の調査報告書（1992）によると，於下貝塚からはイノシシ，シカ，イヌ，タヌキなどの 9 種類の陸生哺乳類とクジラ，バンドウイルカなどの 2 種類の水生哺乳類からなる多くの哺乳類が出土している．出土量がもっとも多いのはイノシシで，以下，イヌ，シカと続いている．

（2） 出土したイヌの骨

出土した多くのイヌの骨からは，頭骨，上・下顎骨，頸椎，肩甲骨，上腕骨，橈骨，尺骨，寛骨，大腿骨，脛骨，踵骨などが検出された（図 5.5）．検出されたイヌの顎骨の数は多いが，そのほかの部位骨の数は少なかった．もっとも出土量が多い下顎骨より最小個体数を算出した結果，合計 14 個体であった．イヌはイノシシに次ぎ，本貝塚で最小個体数が多い哺乳類である．於下貝塚は，2 つの貝層（第 1 貝層，第 2 貝層）および 3 つの混貝土層（混貝土層 A, B, C）からなる．イヌの骨の出土量がもっとも多いのは第 1 貝層で，以下，混貝土層 B，混貝土層 A，混貝土層 C，第 2 貝層という順であった．出土したイヌの骨はすべて散乱した状態であり，埋葬の痕跡は認められなかった．

（3） イヌの骨の切痕

出土したイヌの骨には切痕のあるものが 2 点検出された（図 5.6）．イヌの骨に切痕がついていることは，きわめてめずらしいことである．上黒岩岩

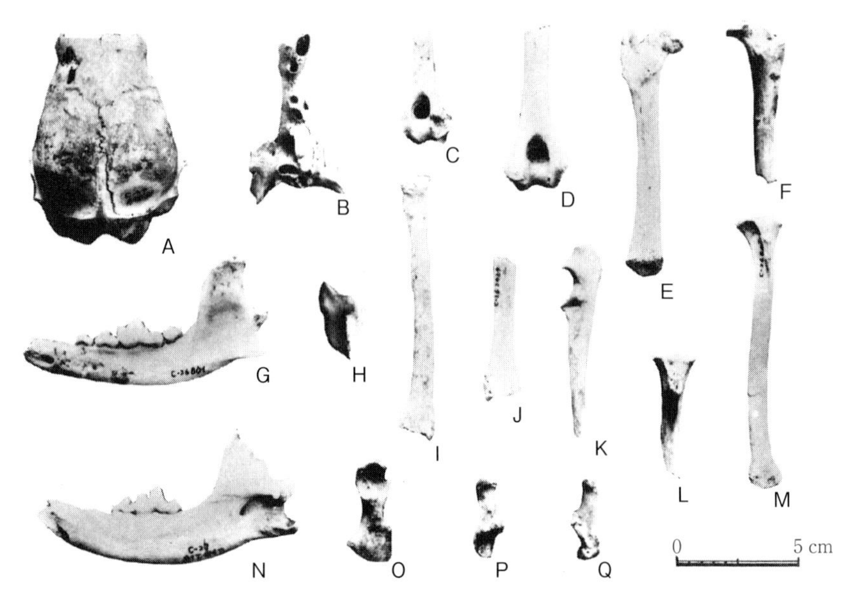

図 5.5　出土したイヌの骨（加藤ほか，1992 より改変）.
A：頭蓋骨，B：上顎骨 L，C, D：上腕骨遠位端 R. L，E, F：大腿骨近位端 L. R，G, N：下顎骨 L. R，H：肩甲骨 R，I, J：橈骨 L. R，K：尺骨近位端 R，L, M：脛骨 L. R，O：寛骨 L，P, Q：踵骨 L. R.

陰遺跡をはじめとする縄文時代の遺跡からは，イヌが埋葬された状態で出土することがたびたびみられ，縄文時代の人々はイヌを大切に思ってきたと考えられていた．しかし，本貝塚から切痕のついたイヌの骨がみつかったということは，縄文中期から後期初頭にはイヌを食べる習慣もあったのかもしれない．切痕はすべて右側の上腕骨についており，遠位端内側あるいは近位端前面に位置していた．切痕の方向は骨軸に斜めに走っており，切痕の長さは 4–5 mm，深さは 0.5 mm であった．イヌのほかにも，哺乳類では大型獣であるイノシシ，シカ，中型獣であるタヌキ，キツネにおいて切痕がみられた．切痕がつけられた中型獣の骨は，タヌキでは上腕骨 1 点，キツネでは橈骨 1 点であった．イヌの上腕骨 2 点と合わせると，部位的には上腕骨遠位端が 2 点，近位端が 1 点，橈骨遠位端が 1 点であり，前肢部の遠位端に位置することが多かった．さらに，切痕の位置する部分について細かい観察がなされた結果，上腕骨では二頭筋，三頭筋のある部分であり，橈骨では深指屈筋と手

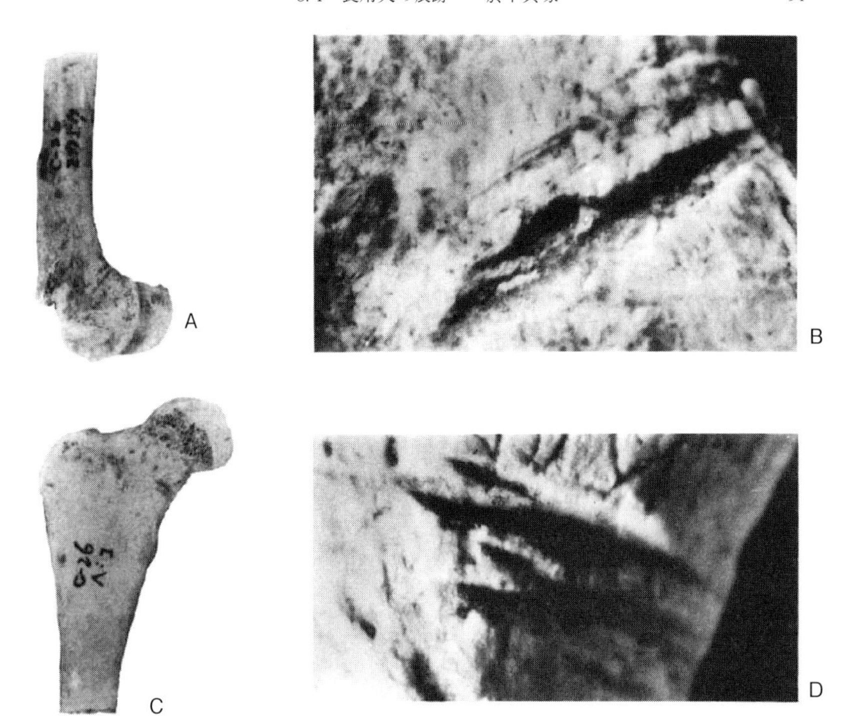

図 5.6 切痕を有するイヌの骨（加藤ほか，1992 より改変）.
A：上腕骨遠位端 R，B：上腕骨遠位端 R の拡大写真，C：上腕骨近位端 R，D：上腕骨近位端 R の拡大写真.

骨筋のある部分であり，すべて筋がついた部分に位置していた．切痕の断面は鋭利な石器などによって上から下へとまっすぐに入れられたものとみられ，骨に対して垂直に切られたときに残った傷と考えられる．つまりは，縄文人がタヌキ，キツネ，イヌなどの部位肉を外すために力を入れて切った結果，骨の表面にまで傷が残ったと推測できる．

（4） 骨にあった噛痕

また，検出された哺乳類の骨には噛痕があるものが多かった．噛痕はイノシシやシカなどの骨にあり，イヌ科動物の歯跡とみられている．骨の表面に噛痕がびっしりとついているもの（おもに趾骨），骨幹部・骨端部が噛み割

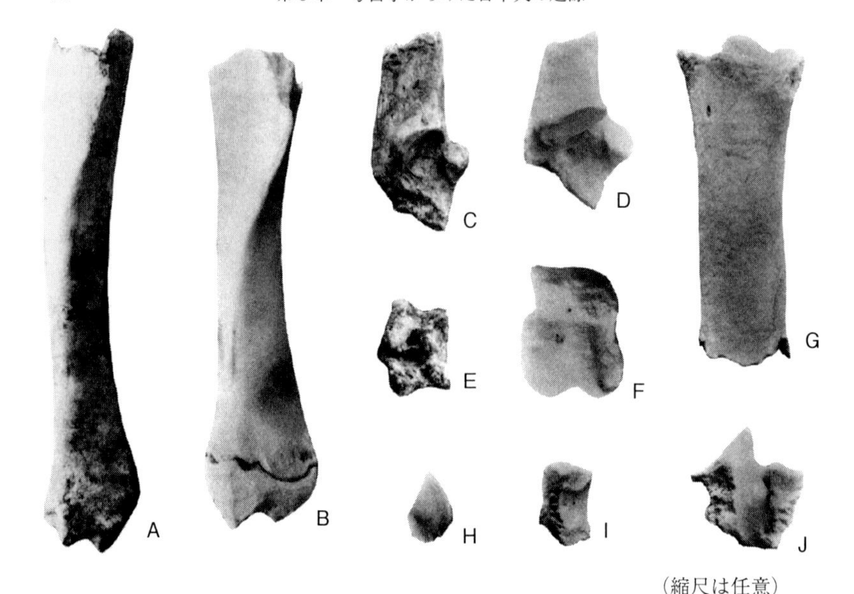

図 5.7　出土した囓痕がある骨と実験に使用した骨（加藤ほか，1992 より改変）．
A, C, E：出土した骨，B, D, F-J：実験に使用した骨．

られ骨髄が露呈しており，壊れた部位周辺に囓痕が残っているもの（おもに肢骨の関節部），骨の一部分がすでに消失し，残った部位周辺に歯跡がばらばらに残っているもの，などがあった．実際にイヌにウシやブタの骨を与えて骨の欠損状態を比較するという実験が行われた結果，出土したイノシシの骨の欠損状態とよく似ていた（図 5.7）．縄文人によって破棄されたイノシシやシカの骨をイヌ科の動物が食していたことが推測できる．

5.5　弥生時代に入り——朝日遺跡

(1)　散乱したイヌの骨

縄文時代ではイヌは狩猟に用いられ，埋葬の痕跡もみられた．また，頭蓋骨から指骨まで全身そろって出土することが多い．一方，弥生時代（今から約2300年前）になると，骨が散乱した状態で出土し，解体痕をもつ骨も縄文時代より多くなる．財団法人愛知県埋蔵文化財センターからの朝日遺跡調査報告書によると，愛知県の清須市と名古屋市にまたがり総面積推定80万 m^2 にも達する弥生時代の代表的な遺跡である朝日遺跡から，イヌの骨が約200点出土した．弥生時代の遺跡からはイヌの骨が相当程度出土するが，通常は1遺跡あたり数頭であり，本遺跡の出土量はかなり多い．1個体分のイヌの骨はまとまって出土しているが，大部分は散乱した状態で出土している．下顎骨の数量からみると，少なくとも27個体のイヌが出土しているが，四肢骨の出土量からみると，もっとも多い上腕骨をみても11個体分と，最小個体数27個体よりもかなり少なく，部位ごとの出土量の差異は大きい．解体痕のみられるものが頭蓋骨1例，四肢骨3例とあるが，いずれも鉄器による傷と思われ，これらのイヌは食用とされていたことが推測される．

（2）　イヌの骨の形質

イヌの骨の形質をみると，額段が浅く面長な形状である縄文犬の特徴と一致しているものもみられたが，前額部のくぼみが強く吻部が短く高い弥生犬の特徴をもつものもみられた（図5.8）．さらには，弥生犬的特徴と縄文犬的特徴の両方をもつものもみられ，この中間的なものは両品種の混血かもしれない．本遺跡のなかでも古い時代のものには縄文的なものが多く，新しい時代のものには弥生的なものが多かった．弥生時代になると新しいタイプのイヌが入り，縄文犬と混血していったことが推測できる．この新しいタイプのイヌは，このころに朝鮮半島から渡来してきたとされる人々が持ち込んだものと考えられる．大きさは縄文犬と弥生犬はほぼ同程度であり，体高35-45 cm程度といわれている．本遺跡から出土したイヌの体高を，下顎骨を用いて推定したところ，13例で37-42 cmであった．一方，四肢骨を用いて推測したところ，12例で37-46 cmであった．

（3）　食用や番犬としてのイヌ

縄文時代に出土したイヌの骨では，四肢骨，椎骨や肋骨の骨折および癒着したものが多くみられ，狩猟活動によって受けた傷と考えられている．一方，本遺跡で出土したイヌの骨では脛骨の癒着が1例みられるだけで，椎骨や肋

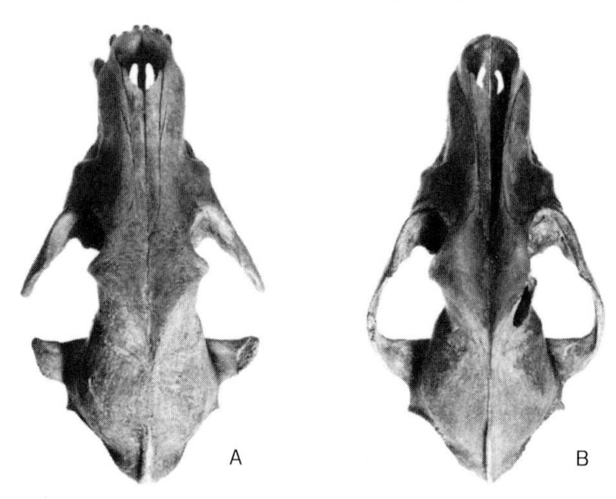

図 5.8　イヌの頭蓋骨上面（西本，1994 より改変）．
A：縄文犬的特徴をもつ，B：弥生犬的特徴をもつ．

骨の骨折などはまったくみられなかった．弥生時代の人々は，今までの狩猟・漁労生活から農耕生活へと生活環境を変革している．この生活様式の変革や朝鮮半島からの新たな文化の渡来にともない，イヌも狩猟目的というよりは食用や番犬として飼われるようになったと考えられる．

6
遺伝子解析からみたイヌの起源

6.1　母系の祖先を探る――ミトコンドリア DNA 解析

(1)　考古学的研究の限界

イエイヌ（イヌ）は生物分類学的に，哺乳綱ネコ目イヌ科イヌ属に含まれる．イヌ科には，イヌのほかにオオカミ，タヌキ，キツネなどが含まれ，イヌ科イヌ属には，オオカミ，ジャッカル，コヨーテなどが含まれる．これまでの形態，行動，生態と考古学的知見から，イヌの祖先の候補としては，オオカミやコヨーテ，ジャッカルがあげられていたが，そのうちコヨーテは，北アメリカ大陸にのみ生息しており，ユーラシア大陸で成立したとされるイヌの祖先としては考えにくい．イヌは，近縁種であるオオカミやコヨーテ，ジャッカルとの間で相互に交配が可能であり，その子も繁殖能力をもつことから，種として確立してはいるものの，非常に親しい関係であることがわかっている．イヌの祖先種に関して，これまでも多くの議論がなされてきた．たとえば考古学的知見から，イヌがオオカミから分岐したのは中東で，およそ 1 万 4000–1 万 2000 年前といわれてきた．しかし，北アメリカやヨーロッパからも古いイヌの骨が発掘されており，また，現存するオオカミを対象とした形態的観察からは，中国に住むオオカミがイヌに一番近いとされており，決着を得ていない．そもそも，形態学や考古学的研究から祖先種を同定するには限界がある．遺跡から発掘されたイヌの骨とオオカミの骨とは，形態的な特徴をもとに区別されているが，オオカミと分岐したばかりの進化的に早い段階のイヌの形態は，オオカミと今ほど違ってはいないだろう．そうすると，その当時の遺跡から発掘されたイヌ科の骨を，明瞭にイヌの骨なのかオオカミの骨なのか区別することは困難である．ヒトと共生し，行動が異なっていたもっとも初期のイヌは，骨格的にはオオカミとまちがえられている可能性も大いに考えられる．

（2） 分子遺伝学的手法の導入

1970年代からは，分子遺伝学的な手法が少しずつ取り入れられるようになり，それ以降，イヌの祖先についての研究がめざましく発展していった．1997年には，162頭のヨーロッパ，アジア，北アメリカの27地域に生息するオオカミ，5頭のコヨーテ，4頭のジャッカルと140頭67犬種のイヌのミトコンドリアDNA（mtDNA）情報を網羅的に比較した研究の成果がカリフォルニア大学のヴィラらにより発表された．mtDNAとは，生物のエネルギー供給源のミトコンドリアを規定する遺伝子で，宿主の遺伝子とは異なった遺伝情報である．mtDNAは，生物の進化を研究するのに適した特徴をいくつかもっている．まず1つめに，mtDNAは母親のものだけが子どもに伝わるという特徴をもっている．よって，mtDNAをたどっていくことにより，1つの祖先（母系）にたどりつくことができる．2つめは，mtDNAの塩基置換の速度が核DNAよりも速いという特徴がある．すなわち同じ期間にみられる塩基置換はmtDNAのほうが核DNAよりも多いということになり，それだけ比較がしやすくなる．

（3） ミトコンドリアDNA解析からわかったこと

mtDNAの261塩基対（bp）の配列を比較したところ，オオカミがイヌにもっとも近いことが明らかとなった．イヌとオオカミでは塩基配列の違いが平均2%であり，オオカミ内あるいはイヌ内での違いと同程度であった．つぎに近いコヨーテとイヌとでは7.5%であり，このことからもっとも近いmtDNA情報を共有しているオオカミがイヌの祖先であることが示唆された．また，オオカミでは生息地域によるハプロタイプ（DNA配列の型）の違いがみられたが，イヌでは犬種による違いがほとんどみられなかった．これは，犬種がつくられた歴史は数百年と比較的短く，その期間ではmtDNAの261塩基対の配列中には犬種を分けるような突然変異（塩基置換）が起こらなか

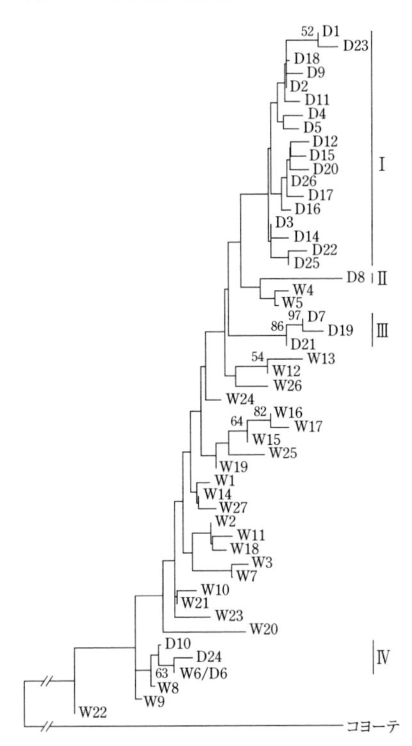

図 6.1　mtDNA の 261 塩基対配列にもとづくオオカミとイヌの系統樹（Vila, 1997 より）.

ったからだろう．DNA 配列の情報をもとに，どれだけ似通っているかを調べる近隣結合法によるクラスター解析を行ったところ，イヌのハプロタイプは 4 つのクレード（グループ）に分類された（図 6.1）．つまり，さまざまな犬種が作成されてきたが，mtDNA から読み取ると，大きく 4 つのグループに分類できるという．そのうちもっとも多様性のみられたクレードでは 1% の塩基配列の違いがみられ，mtDNA の突然変異の発生率から換算すると，オオカミとイヌとの分岐は 13 万 5000 年前にもさかのぼる可能性が示されたが，これは考古学的知見から推測されていた 1 万 2000-1 万 4000 年前とは大きく異なる数字であった．

（4）　ミトコンドリア DNA 解析を用いたさらなる調査

同じくイヌの mtDNA を用いた研究の成果が，2002 年にスウェーデン王

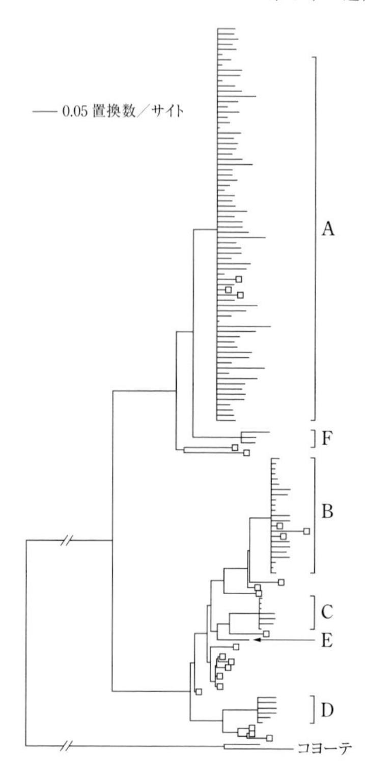

図 6. 2　mtDNA の 582 塩基対配列にもとづくオオカミとイヌの系統樹（Savolainen, 2002 より）．
□：オオカミ，印なし：イヌ．

立工科大学のサヴォライネンらによって発表されている．ヨーロッパ，アジア，アフリカ，アメリカ北極地方原産の 654 頭のイヌとユーラシア大陸に生息する 38 頭のオオカミについて，mtDNA の 582 塩基対（bp）について配列が比較された．先に紹介したものより，よりくわしい解析を行ったことになる．クラスター解析の結果，イヌは 6 つのクレードに分類され，イヌのなかにオオカミのハプロタイプがところどころに点在していた（図 6. 2）．3 つのクレードに分類された犬種の数は多く，その 3 つを合わせるとイヌ全体の 95. 9% を占めていた．また，この 3 クレードにはさまざまな地域のイヌが含まれており，イヌが各地域で独自に発生したというよりはむしろ共通の祖先をもち，それが各地に拡散していったと考えるほうが妥当であろう．

(5) 東アジア起源説

サヴォライネンらの行った mtDNA の 582bp の配列のなかにも，犬種を明瞭に分けるような塩基置換はみられないようである．このことは，犬種が作成された期間が短いことを意味する．それでも mtDNA の遺伝的な多様性を指標として，塩基配列の平均的な相違度を比較したところ，東アジア由来の犬種がもっとも多様性を多く含んでいた．さらに，ハプロタイプの数や地域固有のタイプも東アジアのイヌがもっとも多かった．一般的にハプロタイプの数や塩基多様度は祖先系統のほうが多いことが知られており，したがってイヌの起源は東アジアであることが提唱された．mtDNA は母系遺伝をするため，父系の遺伝的伝達は不明である．それを補完するように，サヴォライネンらは性染色体である Y 染色体の遺伝子の犬種間比較も実施した．その結果，mtDNA と同じように，Y 染色体の多様性も東アジアで高く維持されていることがわかった．

また，遺伝的変異をもとに，イヌが発生した時期について計算した結果，1 万 5000 年前または 4 万年前と推定された．このことから，たとえば 4 万年前に東アジアにいたイヌが 1 万 5000 年前に世界に広がったと解釈できよう．これは 1997 年の研究成果からは大きく異なる推定であった．

(6) 東アジア起源説の不確定さ

なお，オオカミとイヌとの分岐のように比較的新しいイベントについては，分子時計を用いて単純に計算することはできないことが 2005 年にオックスフォード大学のホらによって報告されている．また，2002 年の東アジア起源説についても，東アジアの村のイヌの多様性がもっとも高かったことにより東アジアが起源だと考えるのは短絡的すぎるのでは，つまり解析に用いられた村のイヌの本来の背景が十分に考慮されていなかったり，あるいはサンプリングに偏りがあるのではないかと指摘されている．実際，アフリカの村のイヌを用いた 2009 年のコーネル大学のボイコらによる研究では，これらの問題点が明らかにされている．このような mtDNA の遺伝情報をもとにした解析が，すべてを明らかにするものではないことは留意が必要だろう．

6.2　染色体マーカーによる進化 ——マイクロサテライトDNA解析

(1)　マイクロサテライトDNA解析の導入

イヌの進化の研究において，mtDNAの配列が多く用いられてきたが，先に紹介したように，数百年前という比較的新しい時代に作成された犬種間を比較するには，ほかの手法をさらに加える必要があった．この問題点を克服すべく，2004年には，マイクロサテライト配列を用いた犬種間比較の成果がワシントン大学のパーカーらによって発表された．マイクロサテライト配列とはゲノム上に散在する反復配列であり，遺伝子としての機能はもたないが，その繰り返しの回数は個体によって異なり，また遺伝的に安定であることから，常染色体のマーカーとして使われたり，あるいは進化の解析に用いられたりするようになってきた．この研究では，85犬種からなる414頭のイヌの96個のマイクロサテライト座位について比較解析された．ベイズ法を用いてクラスター解析を行ったところ，414頭のイヌをほぼ犬種ごとに分類することができた．このことから，短い時間で作成された犬種でも，マイクロサテライトの情報をもとに解析すると，遺伝的に分化していることが示された．したがって，マイクロサテライト配列は犬種間の分化を検出するのに有用であるといえる．

(2)　古代のイヌに近い犬種

つぎに，近隣結合法によるクラスター解析が行われた．この手法はマイクロサテライト配列の近似度をもとに，グループに分けるものである．その結果，アジア・スピッツタイプの4犬種（シャー・ペイ，柴犬，秋田犬，チャウ・チャウ）を含むクラスターが大きくほかの犬種から分離され，続いて，古代アフリカ犬種であるバセンジーのクラスター，北極地方のスピッツタイプの2犬種（アラスカン・マラミュート，シベリアン・ハスキー）を含むクラスター，中東の視覚獣猟犬の2犬種（アフガン・ハウンド，サルーキ）を含むクラスターが，そのほかの多くの犬種から分類された（図6.3）．そのほかの多くの欧米で作出された犬種についてはまとまって検出されてしまい，

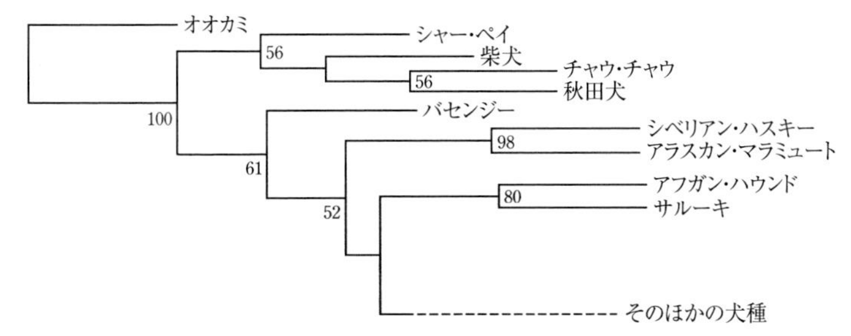

図 6.3　マイクロサテライト配列にもとづくオオカミとイヌの系統樹（Parker, 2004 より）.

分離することができなかった．さらなる解析のために，近年，統計学的により精度が高いといわれるベイズ確率をもとにしたクラスタリング法の一種であるストラクチャー解析が行われた．その結果，近隣結合法によるクラスター解析で分類されたアジア・スピッツタイプの犬種に加えて，チベット原産のチベタン・テリアとラサ・アプソ，中国原産のペキニーズとシー・ズー，北極地方原産のサモエドが同じグループとして分類された（図 6.4）．これらのグループのイヌが遺伝的にオオカミにもっとも近く，古代のイヌにもっとも近いと考えられている．

（3）　そのほかの犬種グループ

ストラクチャー解析によって，近隣結合法によるクラスター解析ではみられなかったグループがさらに２つ検出された．１つめが，フレンチ・ブルドッグ，ブルドッグ，ボクサー，マスティフなどのマスティフ系の犬種，ロットワイラー，ニューファンドランド，バーニーズ・マウンテン・ドッグなどの大型の犬種およびジャーマン・シェパード・ドッグからなるグループである．ロットワイラー，ニューファンドランド，バーニーズ・マウンテン・ドッグなどの犬種は，その巨大さがマスティフ系の犬種に由来すると考えられる．いかにも力のあるような顔の大きめの犬種が集まっている．その隣に位置するジャーマン・シェパード・ドッグについては遺伝的背景が不明であるが，ボクサーなどの使役犬とともに軍隊や警察で活躍してきたことになにか関係があるのではないかと考えられる．２つめが，ベルジアン・シープドッグ，コリー，シェットランド・シープドッグなどの牧羊犬，セント・バーナ

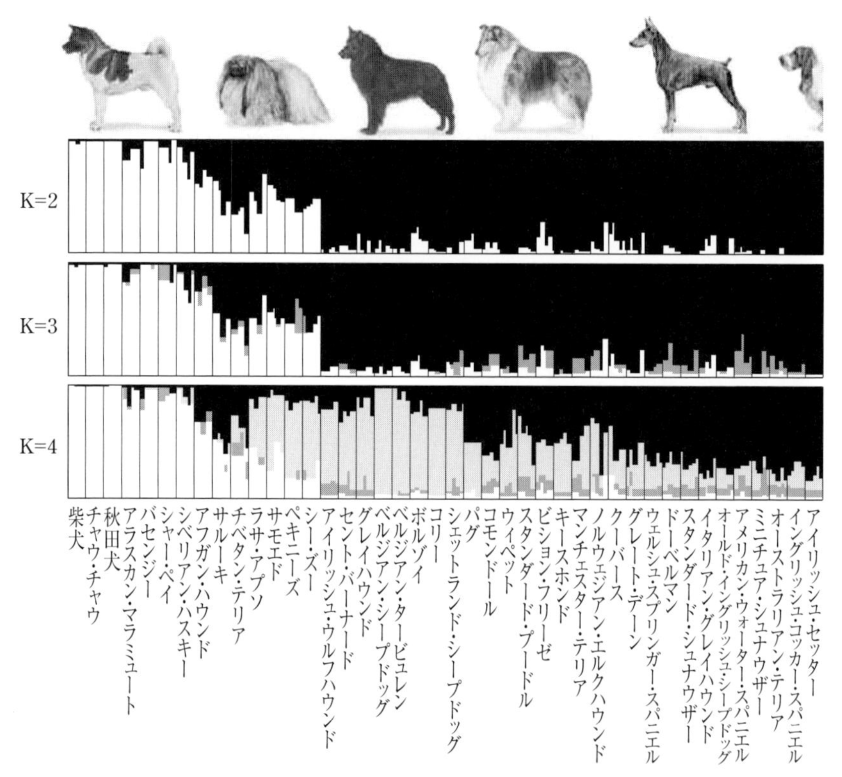

図 6. 4　85 犬種のストラクチャー解析（Parker, 2004 より）．
白：遺伝的にオオカミにもっとも近いグループ，薄い網かけ：マスティフ系の犬種，大型犬およびセント・バーナード，グレイハウンド，ボルゾイなどからなるグループ．

ード，グレイハウンド，ボルゾイなどの犬種からなるグループである．セント・バーナード，グレイハウンド，ボルゾイは牧羊犬として使用された歴史はもたないが，牧羊犬の犬種の祖先あるいは子孫と考えられる．

（4）　イヌの起源研究と日本犬の有用性

mtDNA の結果と多少異なる犬種が分類されたものの，マイクロサテライト DNA 解析の結果でも，東アジアを中心にする犬種は，ほかの欧米の犬種と異なる遺伝的背景をもち，祖先種やオオカミとの距離が近いところに位置していることが明らかになった．日本犬を含む東アジアのイヌが，古代のイ

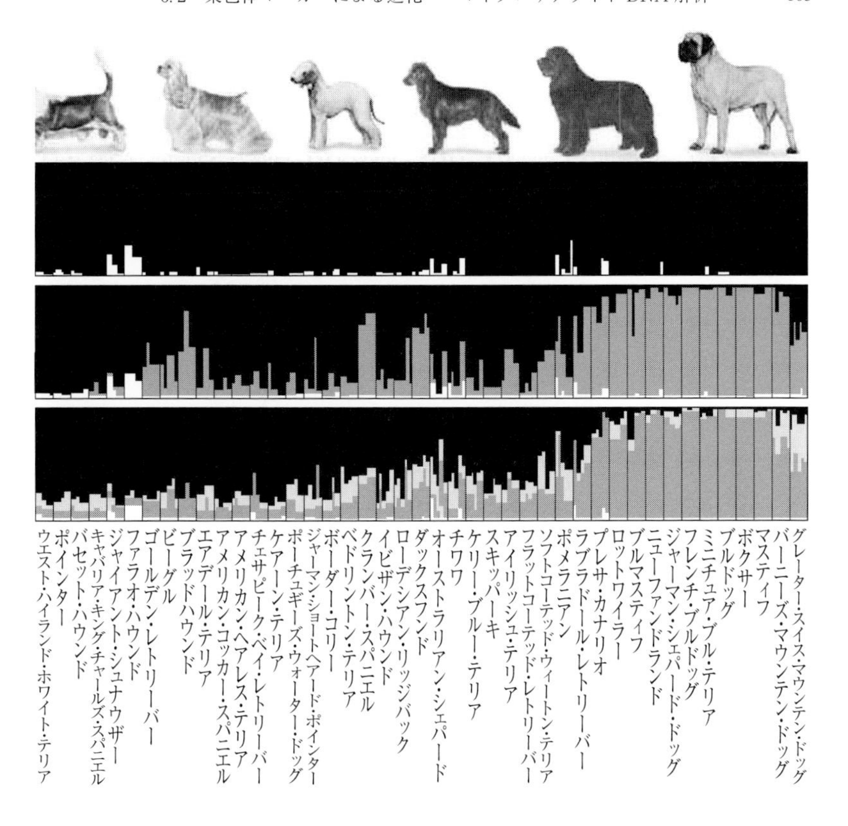

の犬種およびジャーマン・シェパード・ドッグからなるグループ，濃い網かけ：牧羊

ヌの DNA を含む可能性が高く，欧米で作出された犬種よりも，祖先種に近いことが示されたわけである．このことは，イヌの起源の研究において，日本犬の有用性を示すものといえよう．さらに，日本犬とヒトのかかわり方をより詳細に調べることにより，ヒトとイヌが出会った時代の生活様式の一端をみることができるのかもしれない．日本犬の理解は，すなわちイヌの起源の理解といってもよいのかもしれない．

6.3　ミトコンドリアDNAの全長配列を用いた研究成果とその限界

(1)　ミトコンドリアDNAの全長配列を用いた解析

2002年のサヴォライネンらによる研究成果により，イヌの東アジア起源説が提唱されたが，オオカミと分岐した時期も1万5000年または4万年前と幅広く，場所もウラル山脈とヒマラヤ山脈より東といった広大なアジア大陸であり，イヌの起源（時期および正確な位置）については，まだまだあいまいな点が残されていた．さらには，イヌの始祖が単一の集団から生まれたのか，それとも複数の集団が同時的に複数の地域で生まれたのか，についても明らかにされていなかった．その原因の1つとしては，解析に用いたmtDNA配列の部位が遺伝子変化の多様性を見出すには短すぎたこと，およびイヌのサンプル数が十分ではなかったことが考えられた．そこでmtDNA配列のより長い領域を対象とし，より多くのイヌのサンプルを用いた解析が云南大学のパンらによって行われた．

(2)　ミトコンドリアDNA全長解析からわかったこと

まずは旧世界のさまざまな地域から1543頭のイヌのサンプル，さらに33頭の北極北アメリカのイヌ，および40頭のユーラシア大陸オオカミのサンプルを集めた．そしてmtDNAの比較的長い582塩基対（bp）を解析した．さらに，その結果をもとに選抜された169頭のイヌおよび8頭のオオカミのほぼ全長のmtDNA配列（1万6195bp）を解読した．クラスター解析により，旧世界のほぼすべての地域において3つの主要なクレード（クレードA, B, C）に所属するイヌがみられ，その割合はどの地域においても同程度であり，旧世界のさまざまな地域のイヌには共通したmtDNA遺伝子プールが存在することが示唆された（図6.5）．また，遺伝子変異の発生とその後のイヌの分散をシミュレーションしたところ，3つのメインクレードは1カ所でほぼ同時期に形成されたことが示唆された．このことから，イヌがある1カ所の1集団で始まり，その後世界各地に分散していったと考えてよいだろう．では，その起源の場所というものに興味がもたれる．

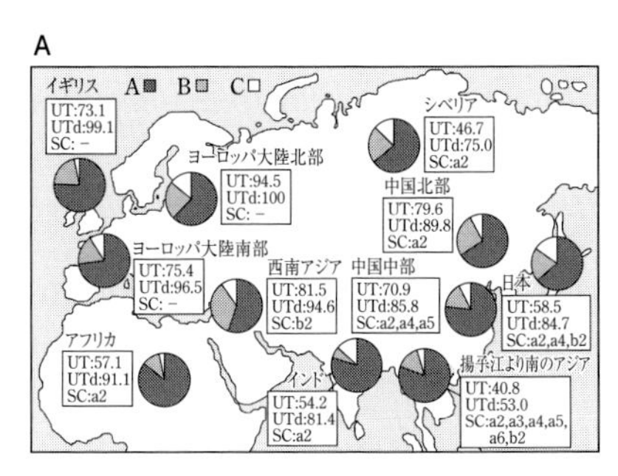

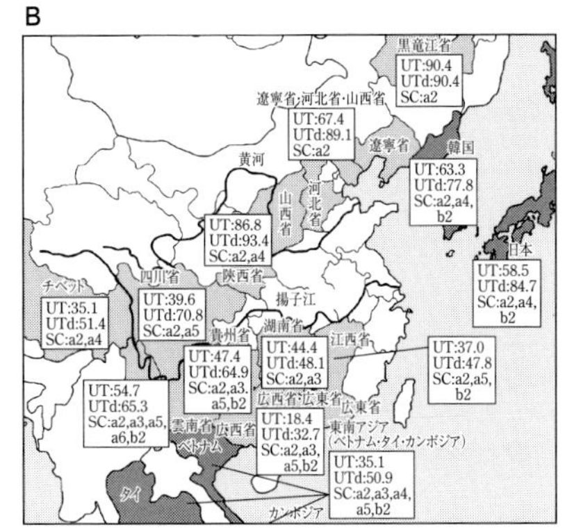

図 6.5 旧世界にまたがる地域における mtDNA の遺伝的多様性（Pang, 2009 より）.
A：旧世界の遺伝的多様性，B：東南アジアの遺伝的多様性．円グラフはクレード A, B, C をもつ個体の割合を示す．UT：普遍的にみられるハプロタイプをもつ個体の割合，UTd：UT から派生したハプロタイプをもつ個体の割合，SC：普遍的にみられないハプロタイプ．

（3） 東南アジア起源説

mtDNA の遺伝的多様性について調査したところ，揚子江よりも南の東南アジア地域においてその多様性がもっとも高く，一番低いヨーロッパとの間に，旧世界をまたがる勾配がみられた（図 6.5）．このことより，揚子江よりも南に位置する東南アジア地域で発生したイヌが旧世界中に広がったことが予想される．さらに，その時期については，1 万 6300–5400 年前であると計算され，考古学的知見から推測されている 1 万 4000–1 万 2000 年前と大きくは違わない数字であった．また，イヌの起源が 1 万 6300 年前以降であると仮定すると，イヌの始祖となったメスオオカミの数は少なくとも 51 頭以上であることが計算された．東南アジアにいたオオカミの 1 集団がイヌの起源だろうということになる．

（4） ミトコンドリア DNA 解析の限界

2009 年までに実施された mtDNA の解析により，イヌの起源は東アジアであり，考古学的知見と合わせて考えると，1 万 6300–1 万 1500 年前であることが提唱された．しかし，mtDNA を用いた解析にも限界がある．

mtDNA は母親のものだけが子どもに伝わるという特徴をもっているため，mtDNA を用いた解析には父親の情報は含まれてこない．さらには，mtDNA の配列中には，犬種を分けるような DNA の変化が十分にはみつかっていない．これらのことから，イヌの起源研究において，mtDNA の解析に加えて，全ゲノム領域にわたる常染色体マーカーを使用した研究の必要性が説かれ，その研究へと発展していった．

6.4　イヌの全ゲノム解読と多型部位の比較による進化過程の解明

（1）　イヌの全ゲノム解読

2005 年にイヌの全ゲノム配列がブロード研究所のリンドブラッドトーらによって公表された．解読されたのはメスのボクサー「ターシャ」のゲノムである．解読には全ゲノムショットガン法（ゲノム配列をランダムに細かく裁断し，断片配列をたくさん読む方法）が使用され，被覆度は 7.5 倍（1 塩基あたり平均 7.5 回解読）であった．さらに，「ターシャ」のゲノム解読結果，2003 年にゲノム科学研究所のカークネスらによって報告されていたスタンダード・プードルのゲノム解読結果（被覆度 1.5 倍）および，9 犬種（被覆度 0.02 倍），オオカミやコヨーテからなる 5 種類のイヌ科動物（被覆度 0.04 倍）の塩基配列を決定した結果を比較することにより，250 万個以上の 1 塩基多型（SNPs）が同定された（表 6.1）．SNPs とは，突然変異の 1 つで，ある 1 つの塩基が別の塩基に置換されることをいう．機能的に差が生じないこともあり，そのため，突然変異が遺伝的多様性として保存され，分子進化の指標として使われるものである．

（2）　1 塩基多型の出現頻度の比較

ボクサーとほかの犬種との配列を比較し，SNPs の出現頻度を算出したところ，どの犬種でもほぼ同程度（約 900 bp あたりに 1 SNP）であったが，アジア犬種であるアラスカン・マラミュートでは出現頻度がほかの犬種と比べて少し高かった（787 bp あたりに 1 SNP）．オオカミやコヨーテとボクサ

表 6.1 イヌ，オオカミ，コヨーテでみられたSNPs（Lindblad-Toh, 2005 より）.

セット番号	犬種または種	SNPs 数	SNP 出現率（x 塩基あたり 1 個）
1	ボクサー vs ボクサー	768948	3004（測定値）
			1637（補正値）
2	ボクサー vs プードル	1455007	894
3a	ボクサー vs 犬種*		
	ジャーマン・シェパード・ドッグ	45271	900
	ロットワイラー	44097	917
	ベドリントン・テリア	44168	913
	ビーグル	42572	903
	ラブラドール・レトリーバー	40730	926
	イングリッシュ・シェパード	40935	907
	イタリアン・グレイハウンド	39390	954
	アラスカン・マラミュート	45103	787
	ポーチュギース・ウォーター・ドッグ	45457	896
	合計 SNPs	373382	900
3b	ボクサー vs イヌ科動物†		
	チュウゴクハイイロオオカミ	12182	580
	アラスカハイイロオオカミ	13888	572
	インドハイイロオオカミ	14510	573
	スペインハイイロオオカミ	10349	587
	カリフォルニアコヨーテ	20270	417
	合計 SNPs	71381	
3	セット 3 合計 SNPs	441441	
総計	総計 SNPs	2559519	

*犬種ごとに　～100000 リードにもとづく.
†オオカミごとに　～20000 リードにもとづく.

ーとの比較では，SNPsの出現頻度がかなり高かった（オオカミ 580 bp 程度，コヨーテ 420 bp 程度）．このことは，イヌの家畜化においてボトルネック（急激な個体数減少による遺伝的多様性の減少）があったことを意味する．また，オオカミのほうがコヨーテに比べてSNPsの出現頻度が低いことは，オオカミのほうがイヌに近いことを示唆している．一方，犬種内での配列比較で得られたSNPsの出現頻度は 1500 bp 程度（ボクサーでは 1600 bp 程度）で，犬種間で比較した場合（900 bp 程度）よりもかなり低いことが明らかとなった．なお，ボクサー以外の犬種内比較には，15 Mb からなる 10 個の領域をランダムに選択し（ゲノムの 6% 程度にあたる），34 犬種からなる 224 頭のイヌについて塩基配列を決定した結果を用いて算出されている．

(3) イヌの家畜化の2ボトルネック説

イヌゲノム上におけるSNPsの場所を調査した結果，ボクサーとそのほかの犬種との比較で得られたSNPsはゲノム上に万遍なくほぼ均一に広がっていることが明らかとなった．一方，犬種内でみられたSNPsについて調査した結果，SNPsの場所には偏りがあり，SNPsがほぼ出現しない部分と出現頻度の高い部分（ボクサーで1Mbあたり850程度）とが長い間隔で交互に存在するモザイク構造を示していることが明らかとなった．

さらに，15 Mb領域について連鎖不平衡（LD）の指標であるr^2値をイヌ全体（24犬種24頭）でまとめて計算した．連鎖不均衡とは，ある生物の集団において，複数の遺伝子座の対立遺伝子または遺伝的マーカー（多型）の間に相関性がみられることをいう．ある遺伝子の変異は対立遺伝子がランダムに伝わるのではなく，まとめて次世代に引き継がれる場合に生じる．イヌ

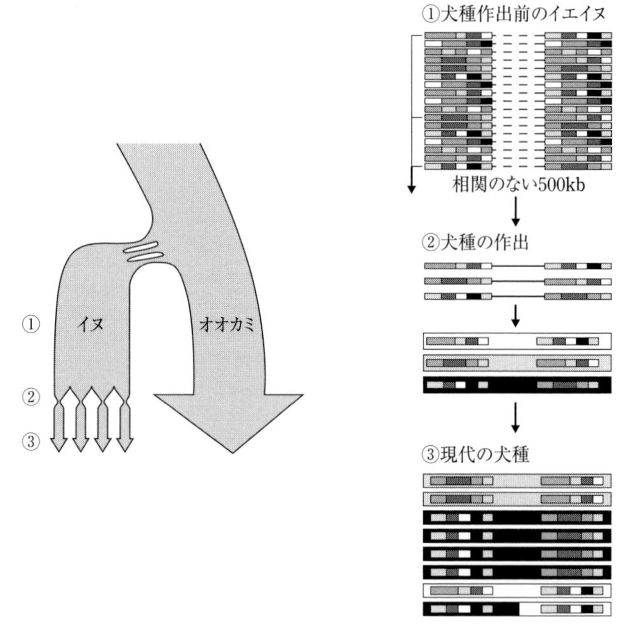

図6.6 2つのボトルネックがイヌのハプロタイプ構成に与えた影響（Lindblad-Toh, 2005より）．

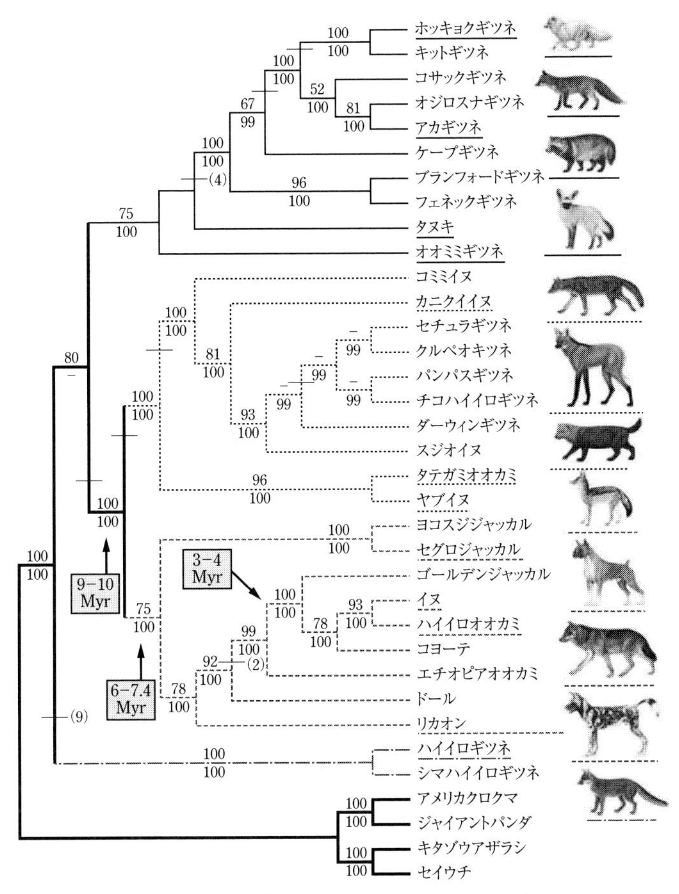

図 6.7　イヌ科動物の進化系統樹（Lindblad-Toh, 2005 より）.
細い実線：アカギツネ様クレード，点線：南アメリカクレード，破線：オオカミ様クレード，一点鎖線：ハイイロギツネとシマハイイロギツネクレード.

全体での r^2 値はバックグラウンドレベル，つまり連鎖がないレベルまで減少した．一方，犬種ごとに調べたところ，*LD* は 2 相性があることが明らかとなった．これはボトルネックが 2 つ存在したことを示唆する．実際，現代のイヌはその歴史により，少なくとも 2 段階の集団統計学的ボトルネックを経てきていることが予想されている．1 つめはオオカミからイヌへと家畜化されたとき（7000-50 万世代前）であり，2 つめが犬種を作成するための人為的にコントロールされた選択的繁殖（50–100 世代前）である．得られた r^2 値を用いて統計学的なシミュレーションを行った結果，1つめのボトルネック（集団サイズ1万3000，交雑係数 $F=0.12$，9000世代前，2万7000年前）と2つめのボトルネック（強さはさまざまで30–90世代前）からなる2ボトルネックモデルとも合致し，イヌの家畜化には2つのボトルネックがあったことが遺伝学的にも解明されたといえよう（図6.6）．

（4） ハイイロオオカミ祖先説

イヌが含まれるイヌ科には1000万年の間に分化した34の近縁種が含まれ，これらの進化的関係性について知るためには膨大な量の遺伝子情報が必要となるが，解読されたイヌゲノムの情報を用いることにより，最大限の情報を得られる部分（多型が多く，特徴的な部分）を選択することが可能となった．12個のエクソン領域（8080 bp，これはエクソン領域をランダムに選択した場合に比べて3.3倍の多型を含む）と4個のイントロン領域（3029 bp，ランダムと比べて5倍の多型を含む）を選択し，34の近縁種のうち30の種について合わせて1万1109 bpの配列を決定し，さらにすでに得られていた3839 bp分の塩基配列を決定した結果と合わせて進化系統樹を作成した．その結果，ハイイロオオカミがもっともイヌに近く，その違いはエクソン領域で0.04%，イントロン領域で0.21%であり，続いて，コヨーテ，ゴールデンジャッカル，エチオピアオオカミがイヌに近縁であることが明らかとなった．続いて近いのがドールとリカオン（アフリカンワイルドドッグ）であった（図6.7）．これらの結果から，イヌはやはりオオカミの1集団として生じ，その後世界に広がっていったのであろう．

6.5 最先端手法——SNPジェノタイピングアレイを用いて

（1） SNPジェノタイピングアレイの導入

2005年に公表されたSNPs情報をもとに作成されたアレイを用いた研究が2010年にカリフォルニア大学のフォンホルズらによって発表された．85犬種912頭のイヌと11地域からなる225頭のオオカミにおける4万8000

SNPs が解析された．近隣結合法によるクラスター解析を行った結果，イヌはオオカミとは別のクラスターに分類された（図 6.8）．また，バセンジー，アフガン・ハウンド，サルーキからなる中東の犬種，カナーン・ドッグ，ニューギニア・シンギング・ドッグ，ディンゴ，チャウ・チャウ，チャイニーズ・シャー・ペイ，秋田犬からなるアジアの犬種，アラスカン・マラミュート，シベリアン・ハスキー，アメリカン・エスキモー・ドッグ，サモエドからなる北国の犬種は，そのほかの犬種とは大きく分化していて，よりオオカミに近いことが明らかとなった．

（2）　世界各地での同時多発起源説

多様性を比較したところ，mtDNA の解析でみられたような地域による一定したパターンはみられなかった．また，mtDNA の解析では東アジア原産のイヌがもっとも多様性が高かったが，SNPs の解析ではとくに高くはなかった．中東原産の犬種であるサルーキと中国原産であるチャイニーズ・シャー・ペイの多様性がもっとも高く，バセンジー，カナーン・ドッグ，ディンゴ，ニューギニア・シンギング・ドッグの多様性が低かった．mtDNA の解析で支持されていた東アジア起源は，常染色体 DNA の多様性の比較では支持されなかったし，この 2010 年の常染色体 DNA の多様性の比較からは，どの地域もイヌの起源として提唱することはできなかった．

つぎに 64 犬種を選び，その犬種のデータとヨーロッパ，中東，中国，北アメリカのオオカミとの遺伝子型の類似性を比較した．その結果，全体的に北アメリカのオオカミとの間の類似性が低かった．また，全体的に中東のオオカミとの間の類似性が高かった．ミニチュア・ピンシャー，スタッフォードシャー・ブル・テリア，グレイハウンド，ウィペットについては，ヨーロッパのオオカミとの類似性がもっとも高かった．秋田犬とチャウ・チャウでは，中国のオオカミとの類似性がもっとも高かった．中東出身のバセンジーが，ほかのイヌと比べて，もっとも中東のオオカミとの類似性が高かった．これは，バセンジーがもっとも古い犬種であること，またはバセンジーとオオカミとの間で交雑があったことを示している．SNPs のアレイを用いた解析により，中東のオオカミがイヌの起源であり，さらには小規模ではあるが，ヨーロッパや東アジアのオオカミもイヌの起源である可能性があることが示

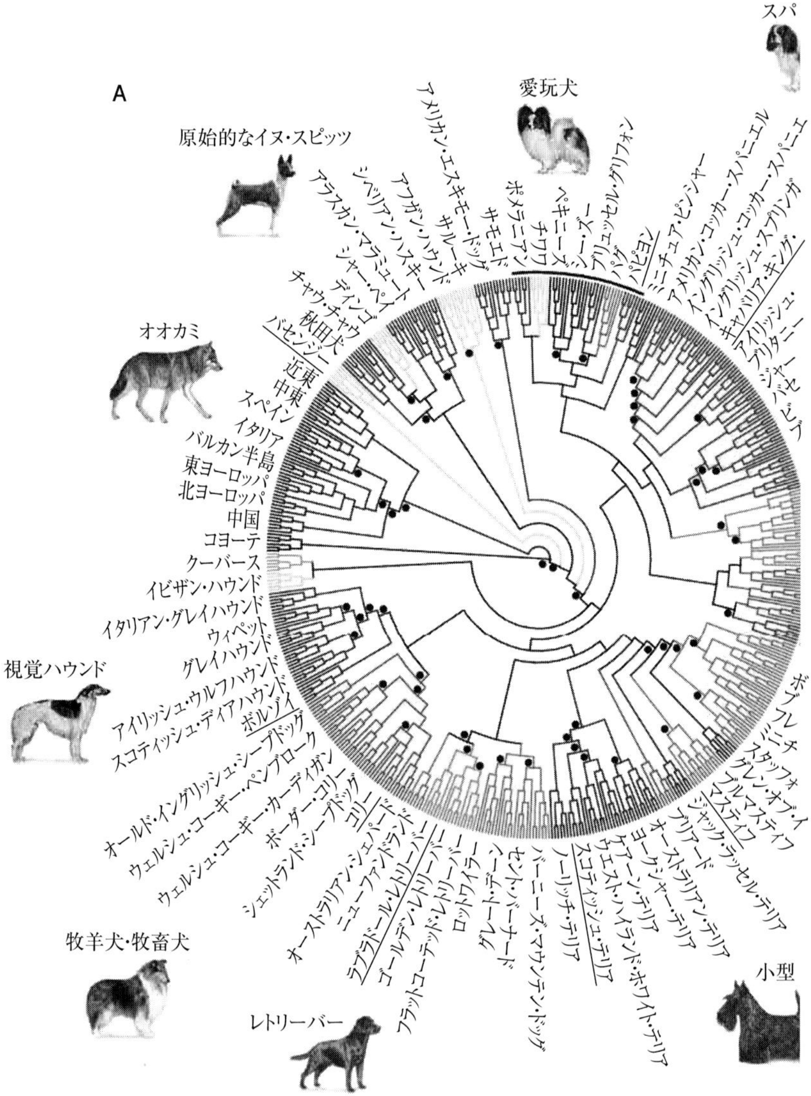

図 6.8　イヌとオオカミの遺伝系統樹（vonHoldt, 2010 より）.
A：分岐図，B：系統樹．枝の濃さの違いはブリーダーによって一般的に用いられている
ブートストラップ値を示す．数字は遺伝子解析で得られた結果と形態的・生態的特徴をも
ーズ，3; パグ，4; シー・ズー，5; ミニチュア・ピンシャー，6; ドーベルマン，7; クーバー
ン・オブ・イマール・テリア．

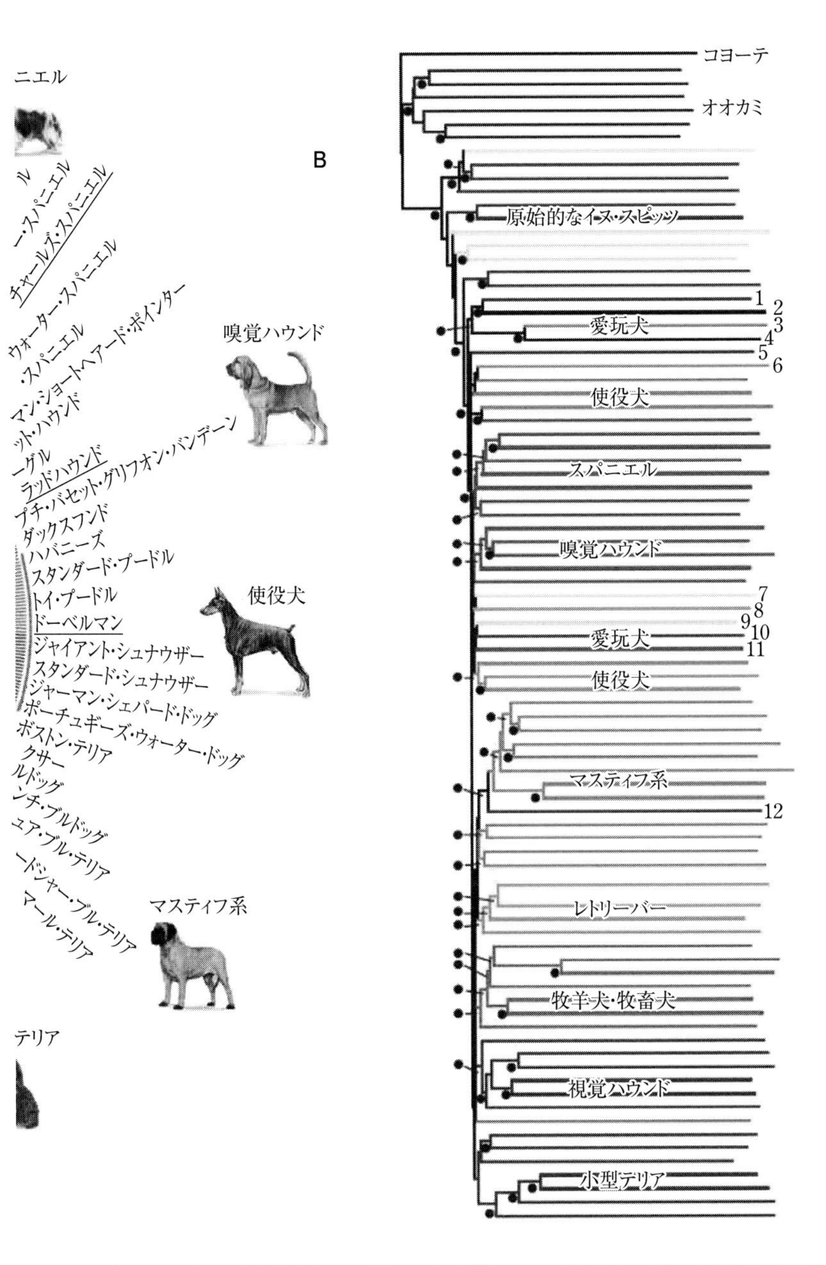

形態的・生態的特徴をもとに分類された犬種グループを示す．黒い丸印は≧95% の
とに分類した結果とが異なる犬種を示す．1; ブリュッセル・グリフォン，2; ペキニ
ス，8; イビザン・ハウンド，9; チワワ，10; ポメラニアン，11; パピヨン，12; グレ

唆され，イヌの家畜化は複数の地域で同時多発的に起こった可能性が示された．これは，東アジアが起源であると示したmtDNAの解析結果に加え，もしかしたらイヌは世界各地で同時多発的に生じた可能性を示している．

（3） SNPジェノタイピングアレイを用いたさらなる研究

2012年にもSNPジェノタイピングアレイを用いた研究成果がダラム大学のラーソンらによって発表されている．35犬種からなる1375頭のイヌと19頭のオオカミにおいて，4万9024個のSNPsが解析され，35犬種間の関係性を示す系統樹が作成された．その結果，今までの研究成果（2004年のマイクロサテライトを用いた研究や2010年のSNPsを用いた研究）と同様に，そのほかの犬種とは大きく分離されたクラスター（アンシエントクラスターとよぶ）がみられ，アンシエントクラスターには秋田犬，バセンジー，ユーラシア，フィニッシュ・スピッツ，サルーキ，シャー・ペイが含まれた．今までの研究成果と合わせると，アンシエントクラスターに含まれるのは16

表6.2 いずれかの研究において，アンシエントクラスターに含まれる16の犬種（Larson, 2012より改変）．
y：アンシエントクラスターに含まれる，n：アンシエントクラスターに含まれない，y*：不明，空欄：調査せず．犬種名についている数字は図6.9のイヌのマークの下の数字と対応する．

犬種	パーカーら	フォンホルズら	ラーソンら
アフガン・ハウンド[1]	y	y	
秋田犬[2]	y	y	y
アラスカン・マラミュート[3]	y	y	
アメリカン・エスキモー・ドッグ（近年）		y*	
バセンジー[4]	y	y	y
カナーン・ドッグ[5]		y	
チャウ・チャウ[6]	y	y	
ディンゴ[7]		y	
ユーラシア（近年）			y
フィニッシュ・スピッツ[8]			y
ニューギニア・シンギング・ドッグ[9]		y	
サルーキ[10]	y	y	y
サモエド[11]	n	y	
シャー・ペイ[12]	y	y	y
柴犬[13]	y		
シベリアン・ハスキー[14]	y	y	

の犬種になった（表 6.2）.

（4） 古代のイヌに近いとして分類される犬種のなぞ

これら 16 の犬種について，遺伝学的知見，考古学的知見，生物地理学的知見とを合わせた考察がされている．その結果，①ヨーロッパの遺跡で 1 万 5000 年前からイヌの遺跡が発掘されており，また文字や絵によって 13 のヨーロッパの犬種（ファラオ・ハウンド，イビザン・ハウンドなど）の古い歴史が推測されるのにもかかわらず，アンシエントクラスターに含まれるヨーロッパの犬種がフィニッシュ・スピッツだけであること，②イヌは東南アジアの島には 3500 年前に，南アフリカには 1400 年前と新しい時代に到来しているにもかかわらず，これらの地域出身のバセンジー，ニューギニア・シンギング・ドッグ，ディンゴがアンシエントクラスターに含まれること，③アンシエントクラスターに含まれる犬種の出身地がオオカミの生息地の範囲の外であること，などのいくつもの矛盾点がみつかった（図 6.9）.

16 の犬種のうち 2 犬種（アメリカン・エスキモー・ドッグおよびユーラシア）については歴史が浅く，近年に犬種の掛け合わせによって作成された

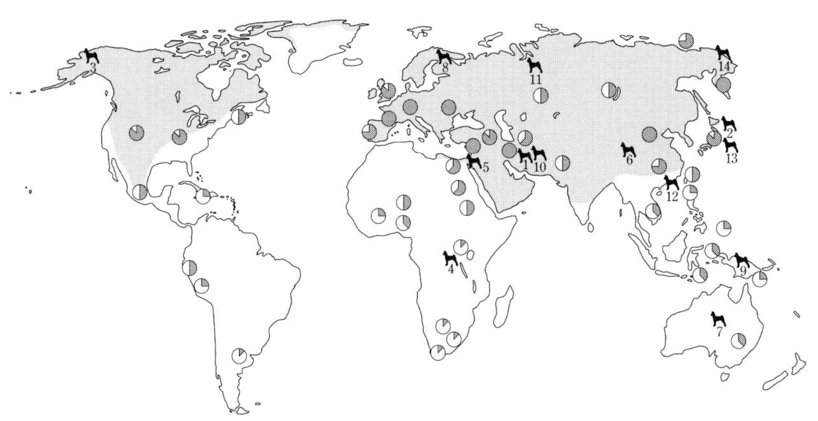

図 6.9 オオカミの生息域が灰色に塗られた世界地図（Larson, 2012 より）.
円グラフはイヌの骨が発掘された遺跡の場所および遺跡の古さ（1/8＝1500 年）を示す．塗りつぶされている円グラフは，1 万 500 年以上前であることを示す．イヌのマークはアンシエントクラスターに含まれる犬種であり，それぞれ起源と思われる場所を示している．下の数字は表 6.2 の犬種名についている数字と対応する．

犬種であることが知られている．これらの犬種がアンシエントクラスターに含まれる理由は，作成に使われた犬種がアンシエントクラスターに含まれる犬種であったことであることが推測される．また，残りの14犬種について共通してみられる特徴として，ヨーロッパで19世紀に起こったケネルクラブの設立にともなう過激な人為的繁殖から地域的または文化的に隔離されていたことがあげられた．一方，多くの犬種において，地域的に離れているにもかかわらず，共通したある特有の同じ変異（体毛がない，背中の毛の稜線，短い脚）がみられ，これらの変異が多発的に独自に起こったとは考えにくく，犬種間での交雑が起こっていることが示唆されている．また，多くの犬種はその歴史のどこかで一度絶滅している，または絶滅に近いほどに頭数が減っていることがあり，その犬種をふたたび増やす，または再作成するために，そのほかの犬種との交雑が行われており，そのことにより，もともとの遺伝的特異性が失われていることが考えられる．これらのことを含めて考えると，アンシエントクラスターに含まれる犬種がもっとも古いとはいいきれず，そのほかの犬種のクラスターに含まれている犬種のなかにも，古いにもかかわらず交雑やボトルネックの影響により，そのもともとの遺伝的特徴が系統樹上ではみえなくなってしまっているものが存在するのかもしれない．

（5） 東南アジア起源説ふたたび

2013年になると，SNPsを用いて，さらにオオカミの解析個体数を増やした研究が中国科学院のワンらによって進められた．まずは，ユーラシア大陸の4頭のオオカミ，3頭の中国土着のイヌ，ジャーマン・シェパード・ドッグ1頭，ベルジアン・マリノア1頭，チベタン・マスティフ1頭の全ゲノムが解読された（被覆度8.92倍から13.56倍）．その後，データベース上に公開されているボクサーのゲノム配列と合わせて，11頭についてSNPsと挿入多型，欠失多型が解析された．その結果，1392万3223個のSNPsおよび301万8953個の挿入／欠失多型がみつかった．

オオカミと中国土着のイヌとそれ以外の犬種のイヌとで多型数を比較したところ，オオカミでもっとも多く，そのほかの犬種のイヌでもっとも少なかった．遺伝的多様性を解析したところ，オオカミがもっとも高く，そのほかの犬種のイヌがもっとも低かった．また，オオカミと中国土着のイヌについ

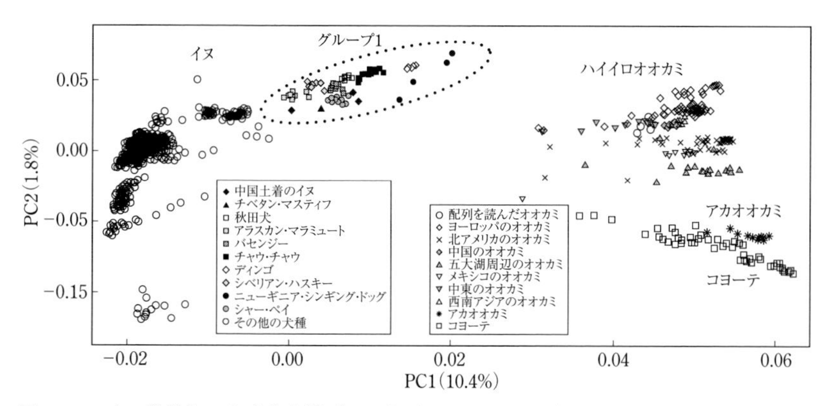

図 6.10　イヌ科動物の主成分分析プロット（Wang, 2013 より）.
グループ 1 はオオカミに近いクラスターを示す.

て連鎖不平衡（*LD*）の指標である r^2 値を解析したところ，オオカミと中国土着のイヌ両方においてほぼ同じように，*LD* は激しく減少した．オオカミと中国土着のイヌの *LD* が似ていることから，イヌの家畜化での集団のボトルネックは比較的緩やかであったことが予想できる.

ベイジアンクラスター解析により，K=2 のグループに分けたところ，1 つめのクラスターはオオカミとイヌとを分けた．また，中国土着のイヌとチベタン・マスティフがオオカミに近いことが明らかとなった．主成分分析を行ったところ，2 つの主成分によって，イヌとオオカミとが分けられた．イヌはオオカミから離れて密集していたが，そのなかでも中国土着のイヌおよびチベタン・マスティフは少しだけオオカミに近い位置にあった．先行研究の 1191 頭のイヌ科動物のデータと今回のデータとを合わせて主成分分析を行ったところ，中国土着のイヌは，中国／東南アジア出身のいくつかの犬種とともに，オオカミに近い位置にあることが明らかとなった（図 6.10）．さらに，中国土着のイヌとアフリカの村のイヌなど，ほかの地域の土着のイヌとを比較したころ，中国土着のイヌは，ほかの地域土着のイヌよりもオオカミに近いことが明らかとなった．中国土着のイヌおよび東南アジア出身の犬種がオオカミに近いこと，中国土着のイヌで遺伝的多様性が高いことなどは，イヌの起源が東南アジアであることを支持している．二転三転してきたが，やはりイヌの起源は東南アジアにあるのだろうか.

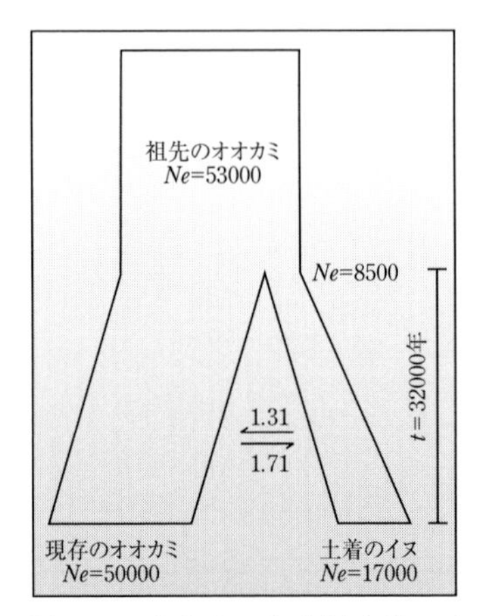

図 6.11 オオカミと中国土着のイヌの人口統計予想図（Wang, 2013 より）.
集団間の移動率およびそれぞれの集団の大きさ（*Ne*）を示す.

（6） イヌとオオカミが分かれた時期

生息数を統計学的に予測したところ，現存するオオカミの集団サイズは祖先種の集団サイズの 94% と大きくは変わらない一方，中国土着のイヌには穏やかなボトルネックがあって 16% まで減少し，その後，少しずつ増えて 32% まで回復したと考えられる．またイヌとオオカミとが分かれた時期は 3 万 2000 年前と推測され，これは mtDNA の解析からの計算よりもかなり古かった（図 6.11）.

6.6 ヒトとイヌの平行進化説

（1） ゲノム上に残されたシグナル

イヌの家畜化のプロセスにはなんらかの表現型による強い選択圧がかかっており，選択圧のシグナルがゲノム上に残されていると思われる．そのシグナルを探るために，ゲノムワイドな SNP ジェノタイピングアレイを用いた解析がフォンホルズらによって行われた．その結果，ヒトやマウスにおいて記憶形成や行動の応答性にかかわっているとされている遺伝子であるリアノジン受容体3とアデニル酸シクラーゼ8の近く，およびヒトにおいてウィリアムズ症候群に関連しているとされている遺伝子であるWBSCR17の近くに，選択圧のシグナルがみられることが明らかとなった．

（2） イヌとオオカミとの遺伝子の違い

2013年のワンらの研究でも，選択圧にかかわる遺伝子の探索が行われている．イヌでは差異が少なく，またイヌとオオカミとでは大きく異なっている部分が，家畜化の第1段階目の選択圧であると予測して解析が行われた．その結果，繁殖，消化・代謝，神経系に関する遺伝子が多くあげられた．消化・代謝関連では，デンプン消化の最終段階で重要となるマルターゼ-グルコアミラーゼ遺伝子に選択圧がかかっていた．ヒトが農耕を始めるとともにイヌの食糧源も変化し，これらの遺伝子に選択圧がかかった可能性がある．神経系では，神経細胞そのものおよびそれらの結合や機能に関する遺伝子が含まれていた．イヌの家畜化の初期では，ヒトに対する攻撃性の低さなどの気質や人間との複雑な相互関係を可能にする能力が必要であると思われるが，実際にイヌの家畜化において神経系の遺伝子が変化しているのはたいへん興味深い．また，環境や刺激（音や匂い）の感知に関連する遺伝子もあげられた．家畜化によってヒトとともに生活するという，イヌの環境が大きく変わったためかもしれない．

（3） ヒトとイヌとの共通点

ヒトとイヌとは近年似たような環境に生息しており，これらの2種間において，自然選択により似たような遺伝子に変化が起きている可能性が考えられる．先行研究により，ヒトのゲノムで選択圧がかかっている遺伝子については報告されている．それらと，今回みられたイヌの遺伝子で選択圧がかかっているものについて比較した．ヒトとイヌの両方で共通してみられたものとして，消化・代謝関連遺伝子があげられる．たとえば，コレステロールの選択的輸送に重要であるトランスポーターの遺伝子が含まれていた．これは，ヒトとイヌ両方が同じ環境に生息し，動物性から植物性の食糧源が増えたか

表6.3 ヒトとイヌの両方で選択圧がかかっている遺伝子（Wang, 2013より）．
NS：ヒトを対象として報告されている研究の数．

遺伝子	NS	機能
消化・代謝関連遺伝子		
ABCG5	4	ATP結合カセット，サブファミリーG，メンバー5
ABCG8	4	ATP結合カセット，サブファミリーG，メンバー8
PLA2G10	3	ホスホリパーゼA2，グループX
PRSS1	6	プロテアーゼ，セリン，1（トリプシン1）
神経系の遺伝子		
GRM8	2	グルタミン酸受容体，代謝型8
SLC6A4	4	溶質輸送体ファミリー6（神経伝達物質輸送体，セロトニン），メンバー4
がん関連遺伝子（アポトーシスおよび細胞周期を含む）		
BFAR	3	二官能基アポトーシス調節因子
BRE	2	脳生殖腺発現遺伝子（BRE）（TNFRSF1A調節因子）
ITGB1	2	インテグリン，ベータ1
MET	2	がん原遺伝子（MET）（肝細胞増殖因子受容体）
STK17B	5	セリン／スレオニンキナーゼ17b
ZMYM2	6	ジンクフィンガー，MYMタイプ2

らと考えられる．ほかには神経系の遺伝子が含まれていた．たとえば，神経伝達物質であるセロトニンの輸送にかかわる膜タンパク質遺伝子があげられる．この遺伝子には，攻撃性行動，強迫性障害，鬱や自閉症などがかかわっている．さらに，がん関連遺伝子も多く含まれていた（表6.3）．

（4） イヌの家畜化関連遺伝子の探索

イヌの家畜化において選択圧のかかっている遺伝子領域を調べた研究が，その後も2013年にウプサラ大学のアクセルソンらによって発表されている．世界各地の12頭のオオカミと14犬種60頭のイヌの網羅的なゲノム解析が行われ，常染色体2385塩基のうちオオカミでは91.6%，イヌでは94.6%の配列が読まれた．被覆度はイヌでは29.8倍で，オオカミでは6.2倍であった．得られた配列をもとに解析を行ったところ，122個の遺伝子を含む36の家畜化の候補領域がみつかった．122個の遺伝子には，神経回路の発達に関するもの，精子と卵子の結合に関連するもの，デンプン代謝，消化，脂肪酸代謝に関するものなどが含まれていた．このことから，家畜化のプロセスには，発達に関する遺伝子の変異によって引き起こされた行動の変化と精子の競争，さらには食生活の変化にともなう代謝能力がかかわっていることが示唆された.

(5) ヒトとイヌの平行進化説

とくに代謝能力に関しては，イヌの家畜化において，肉を主体とする食糧源からデンプンが多く含まれた食糧源へと適応するために，遺伝的な選択圧が生じたと考えられる．デンプン消化酵素であるβ-アミラーゼ遺伝子のコピー数が，オオカミに比べてイヌでは多くなっていた．さらに，アミラーゼ遺伝子の発現量，アミラーゼ活性について調べたところ，どちらもイヌのほうがオオカミよりも高いことが明らかとなった（図6.12）．β-アミラーゼ以外にもデンプンの消化にかかわる遺伝子でオオカミとイヌとで違いが見られ，オオカミよりもイヌのほうがデンプンの消化に長けており，イヌは家畜化が進むにつれ，ヒトと同じ食物を消化するよう，選択圧がかかったのではないかと考えられた．ヒトも農業の発達とともにデンプン消化の能力を獲得したといわれているが，じつはイヌでも同じことが起こっていると考えられ，これはヒトとイヌとの平行進化によるものかもしれない.

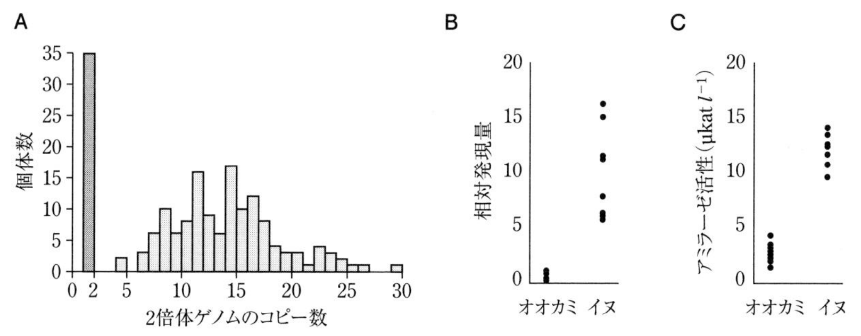

図6.12　オオカミとイヌのアミラーゼ活性の比較（Axelsson, 2013より）.
A：イヌ（薄い網かけ）とオオカミ（濃い網かけ）におけるコピー数の分布，B：イヌとオオカミの膵臓におけるmRNA発現量，C：イヌとオオカミの血清中のアミラーゼ活性.

6.7　アメリカ土着のイヌの起源

(1)　アメリカ土着のイヌのなぞ

コロンブスのアメリカ到着（1492年）以前の遺跡より発掘されたイヌが旧世界のイヌと同じmtDNAの遺伝子型をもつことより，アメリカのイヌは旧世界由来であると考えられている．しかし，現在のアメリカのイヌがコロンブスのアメリカ到着以前にベーリング海峡を越えてアジアから到来したイヌ由来なのか，またはアメリカにヨーロッパ人が到来した際に大西洋を越えて到来したヨーロッパのイヌによってそれらはすべて消滅しているのかは不明であった．アメリカ土着のイヌの起源について調べた研究が，2013年にポルト大学のアッシュらによって発表された．

(2)　ミトコンドリアDNAの比較研究

アメリカ北極地方のイヌであるイヌイット・スレッド・ドッグ（18頭），カナディアン・エスキモー・ドッグ（9頭），グリーンランド・ドッグ（11頭），アラスカン・マラミュート（9頭），北アメリカのイヌであるチワワ（14頭），メキシカン・ヘアレス・ドッグ（43頭），南アメリカのイヌであるペルー・ヘアレス・ドッグ（53頭），アルゼンチン，ブラジル，コロンビアで放し飼いになっているイヌ（108頭），放し飼いになっているイヌの子孫として捕獲されて飼われているカロライナ・ドッグ（20頭）のmtDNA配列（582 bp）が読まれ，ヨーロッパのイヌ，東アジアのイヌ，アメリカの遺跡から発掘されたイヌ（19頭）のmtDNA配列と比較された．

(3)　イヌイット・スレッド・ドッグ，カナディアン・エスキモー・ドッグ，グリーンランド・ドッグについて

イヌイット・スレッド・ドッグ，カナディアン・エスキモー・ドッグ，グリーンランド・ドッグには似たmtDNA遺伝子型がみられ，これらの遺伝子型には特徴的なものが多かった．38頭中30頭がこのグループのイヌにしかみられない独特な遺伝子型をもっており，残りの8頭はヨーロッパのイヌにも東アジアのイヌにもみられるユニバーサルな遺伝子型をもっていた．も

っとも多くみられた遺伝子型はこのグループのイヌで共通してみられ，このグループ独特のものであった．この遺伝子型は，グリーンランドでコロンブス到来以前の遺跡から発掘されたイヌの遺伝子型と一致しており，これらのイヌはコロンブス到来以前のイヌの子孫であることが示唆された．

（4）　アラスカン・マラミュートについて

アラスカン・マラミュートは，9頭中7頭が同じ遺伝子型をもっており，この遺伝子型はイヌイット・スレッド・ドッグ，カナディアン・エスキモー・ドッグ，グリーンランド・ドッグではみられないものであった．アラスカン・マラミュート7頭でみられた遺伝子型は東アジアと東南アジアの島のイヌでみられ，ヨーロッパのイヌにはみられないものであった．さらに，この遺伝子型は，アラスカでコロンブス到来以前の遺跡から発掘されたイヌの遺伝子型と一致していたことから，アラスカン・マラミュートはコロンブス到来以前からアラスカにいたイヌの祖先であることが推測されたが，じつはこの遺伝子型はシベリアン・ハスキーにもみられるものであり，アラスカン・マラミュートの起源については疑問が残るままとなった．

（5）　チワワ，メキシカン・ヘアレス・ドッグ，
ペルー・ヘアレス・ドッグについて

チワワでもっとも多くみられた遺伝子型は，ほかの近代の犬種ではみられないものであった．この遺伝子型はメキシコでコロンブス到来以前の遺跡から発掘されたイヌの遺伝子型と一致しており，チワワはメキシコにもともといたイヌの子孫系統であることが示唆された．メキシカン・ヘアレス・ドッグでは，ヨーロッパでも東アジアでもみられるユニバーサルな遺伝子型およびヨーロッパでみられる2つの遺伝子型しかみられなかった．ペルー・ヘアレス・ドッグでもっとも多くみられた遺伝子型は，旧世界のイヌではシベリアのイヌでしかみられないものであり，これは先行研究においてメキシカン・ヘアレス・ドッグで報告されているものと一致していた．なお，メキシカン・ヘアレス・ドッグの79%とペルー・ヘアレス・ドッグの81%のイヌは共通する遺伝子型をもっていた．

(6) ヨーロッパのイヌの影響

イヌイット・スレッド・ドッグ，カナディアン・エスキモー・ドッグ，グリーンランド・ドッグのうち79%，チワワ，メキシカン・ヘアレス・ドッグ，ペルー・ヘアレス・ドッグのうち35%が，ヨーロッパではみられない遺伝子型をもっていた．シベリアや東アジアのイヌでも50%はヨーロッパのイヌと共通した遺伝子型をもっており，残りの50%がヨーロッパではみられない遺伝子型である．イヌイット・スレッド・ドッグ，カナディアン・エスキモー・ドッグ，グリーンランド・ドッグでみられた79%という値はシベリアや東アジアのイヌと比較しても高く，これらのイヌはヨーロッパのイヌの影響を受けていないと考えられる．また，35%であったチワワ，メキシカン・ヘアレス・ドッグ，ペルー・ヘアレス・ドッグは，70%がコロンブスのアメリカ到来以前のイヌ由来の遺伝子型をもっていると考えられ，アメリカ土着のイヌはヨーロッパのイヌの影響をあまり受けていないことが明らかとなった．

(7) カロライナ・ドッグ，アルゼンチン，ブラジル，コロンビアで放し飼いのイヌについて

カロライナ・ドッグでもっとも多くみられた遺伝子型はこの犬種特有のものであり，東アジア特有の遺伝子型と似たものであった．カロライナ・ドッグのうち1頭は，中国のイヌと柴犬でしかみられていない遺伝子型をもっていた．これらのことより，カロライナ・ドッグはコロンブス到来以前のイヌの子孫であることが示唆された．一方，アルゼンチン，ブラジル，コロンビアで放し飼いになっているイヌの多くは，ユニバーサルな遺伝子型またはヨーロッパでしかみられない遺伝子型をもっていたが，東アジア・西アジアの犬種でみられ，ヨーロッパのイヌではみられない遺伝子型をもっているものも数頭いた．よって，アルゼンチン，ブラジル，コロンビアで放し飼いになっているイヌの多くはヨーロッパのイヌの子孫であると考えられたが，もともといたイヌの子孫もいくぶんかはいるようではあった．

（8）　アメリカ土着のイヌの起源

このようにアメリカ大陸を原産地とするイヌのmtDNAを調べた結果から，アメリカにヨーロッパ人が到来した際に大西洋を越えて到来したヨーロッパのイヌたちの子孫である可能性は低く，多くはコロンブスのアメリカ到着以前にベーリング海峡を越えてアジアから到来したイヌの子孫のようである．

6.8　出土した古代犬のDNA解析

（1）　古代犬のDNA解析の必要性

上述のとおり，イヌの起源については，さまざまな研究者によって研究されているが，いまだはっきりしたことはわからずにさまざまな論争が繰り広げられている状態である．先に紹介した遺伝子を用いた解析では，中東や東アジアが起源という意見が多いが，古いイヌの遺跡は西ヨーロッパやシベリアでみつかっており，考古学的知見と一致していない．イヌの起源研究において，多くの研究者たちが現存するオオカミとイヌの遺伝子を解析してきた．しかし，現存する多くのイヌの遺伝子は，人為的な選択的繁殖による影響が加わっており，オオカミから分岐したころのイヌのDNAとは異なってしまっている．また同じように，分岐したころのオオカミと現存するオオカミも異なってきている可能性が高い．これらを解決するには，遺跡より発掘されたイヌの骨のDNA，すなわち人為的な選択的繁殖が行われる前のイヌの骨のDNAを解析することが大事であり，イヌの起源を考えるうえで重要な手がかりとなる．

（2）　イタリアの遺跡から発掘された犬骨のミトコンドリアDNA解析

2005年にイタリアのいくつかの遺跡から発掘された5頭分の犬骨のmtDNAの262塩基対の配列を，現存する世界のさまざまな地域からの341頭のオオカミおよび547頭のイヌと比較した研究成果がガブリエーレ・ダンヌンツィオ大学のヴェルジネッリらによって発表されている．使用された犬骨は，1万5000年から3000年前（^{14}C）のものと推定され，およそ1万5000年前（最終氷期）のものが1つ（PIC1），およそ1万年前のものが2つ（PIC2と3），それから，およそ4000年前のもの（PIC4），およそ3000年前のもの（PIC5）であった．近隣結合法によるクラスター解析の結果，遺跡から発掘されたイヌの骨は高い多様性をもっていることが明らかとなり，それらは現存するイヌの遺伝子系統樹のうち3つのクレードにまたがって分類された．PIC1,2,3はそれぞれ異なるクレードに分類され，PIC4はPIC1と同じクレード，PIC5はPIC3と同じクレードに分類された．PIC1とPIC2はイヌではみられない新しいハプロタイプであった．PIC3は，何頭かのアジア原産の犬種でみられるハプロタイプおよび，ブルガリアのオオカミとさまざまな地域原産の犬種とで共通してみられるハプロタイプと同じであった．PIC4は，ヨーロッパ，アジア，アフリカ原産の犬種と同じハプロタイプであり，PIC5は，世界に広く分布してみられるイヌのハプロタイプと同じであった．

階層クレード解析（nested clade analysis）が行われた結果，PIC5はPIC3から由来しており，PIC3が位置する中心集合体にはブルガリアのオオカミが含まれていることが明らかとなった．PIC4は別の中心集合体に位置しており，PIC1はPIC4から由来していた．PIC2は，何頭かの東ヨーロッパのオオカミが含まれている中心集合体から由来した場所に位置していた．東アジアがイヌの起源であるという意見が多いなか，これらの結果は，東ヨーロッパのオオカミもイヌの起源となっている可能性が大いにあることを示している．

（3） ユーラシア大陸と新世界の遺跡から発掘された犬骨のミトコンドリアDNA解析

2013年には，ユーラシア大陸と新世界の遺跡から発見された8頭の古代犬および10頭の古代オオカミのmtDNA解析の結果がトゥルク大学のテールマンらによって報告された．古代犬および古代オオカミから，平均被覆度12倍，平均1万5014 bpのmtDNA配列が解読された．これらの配列が，49頭のオオカミ，77頭のイヌ，4頭のコヨーテのmtDNA全長配列と比較された．系統樹解析の結果，イヌは4つのクレード（A–D）に分類され，

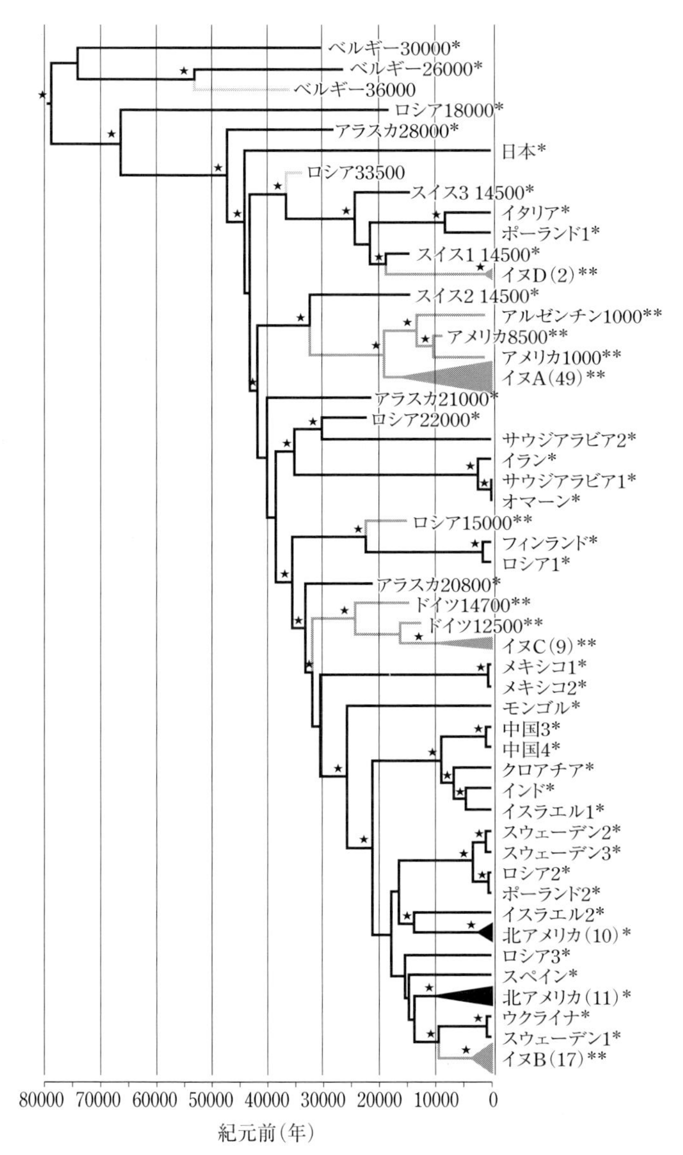

図 6.13　現代と古代のイヌ（**）およびオオカミ（*）の遺伝子系統樹（Thalmann, 2013 より）.
灰色：分類が定かではないもの，星：ブートストラップ値>90%，かっこ内：クラスターに含まれる配列数.

その間のさまざまな箇所にオオカミが散らばっている配置となった（図6.13）.

もっとも分岐していたのが，ベルギーで出土した2万6000年前の古代オオカミ，3万年前の古代オオカミ，3万6000年前の古代犬からなるグループであった．このグループは，ほかのオオカミともイヌとも分かれており，絶滅してしまったまだ知られていない種類のオオカミか，または家畜化の初期段階で絶滅してしまった集団なのかもしれない．

バセンジー，ディンゴ，中国の土着のイヌなどを含むもっとも多くのイヌが含まれるイヌクレードAには，アメリカとアルゼンチンで発掘された古代犬（8500–1000年前）が含まれた．このクレードの近くには，スイスで発掘された古代オオカミ（1万4500年前）が配置された．つぎに大きなイヌクレードBの近くには，スウェーデンとウクライナのオオカミが配置された．イヌクレードCの近くには，ドイツで出土した古代犬（1万2500年前，1万4700年前）が配置され，北欧の2犬種からなるイヌクレードDの近くには，スイスで出土した古代オオカミ（1万4500年前）が配置され，その近くには現存するポーランドとイタリアのオオカミも位置した．中東や東アジアの現存するオオカミは，いずれもイヌクレードの近くには位置していなかった．この解析には中東や中国で出土した古代犬やオオカミのサンプルが含まれていないため，若干の疑問は残るが，そもそも1万3000年前よりも古いものは，これらの地域からは出土していない．

（4） ヨーロッパ起源説

イヌが，古代ヨーロッパのオオカミやイヌ，ヨーロッパの現存するオオカミの近くに位置していたことより，この結果だけをもとに考えると，イヌの起源は中東や東アジアよりは，ヨーロッパである可能性が示された．また，その時期は，ベイズ解析により3万2100–1万8800年前であると推測され，農耕が始まるよりも前のヨーロッパの狩猟民族とともにイヌは家畜化され，ヒトと生活をともにしていたのだろうと想像できる．

6.9　全ゲノム配列を用いたオオカミとイヌの比較

(1)　全ゲノム配列を用いた研究

ヒトがアフリカ大陸からユーラシア大陸へと移動し，その後イヌの祖先種（一部のオオカミ？）と出会い，その祖先種がヒトの初めての伴侶動物であるイヌへと進化したと考えられるが，その過程は複雑でいまだ明らかにはなっていない．2014年になって，オオカミ3頭，イヌ2頭，ジャッカル1頭の全長ゲノム配列を解読して比較した研究成果が，カリフォルニア大学のフリードマンらによって発表された．今までも遺伝子の比較研究は多く発表されてきたが，個別の個体の全長ゲノム配列をここまで深く読んで比較したのは初めての試みである．

オオカミは，今までの研究によりイヌの起源だと提唱されている3カ所の地域であるヨーロッパ（クロアチア），中東（イスラエル），東／東南アジア（中国）から1頭ずつ選抜された．イヌは，今までの研究により，もっともオオカミに近い遺伝子型をもっている2つの犬種（ディンゴ，バセンジー）から1頭ずつ用いられた．バセンジーは西アフリカの狩猟犬として飼われていた歴史をもつ一方，ディンゴはおよそ3500年前にオーストラリアに渡来したイヌが半野生の状態で自由に生きてきた歴史をもっている．これらの犬種の生息域はオオカミの生息域から隔離されており，オオカミとの交雑の可能性は低いと考えられ，イヌの起源研究に適している．ゲノム配列決定の被覆度はそれぞれオオカミ約24倍，イヌ約19倍，ジャッカル約24倍である．

(2)　イヌとオオカミとの交雑の跡

イヌの起源研究に大きな影響を与えるファクターとして，系統分岐後の交雑があげられる．そこで，塩基配列を決定した7個体間での交雑の可能性について解析された．その結果，バセンジーとディンゴにはオオカミとの交雑の跡がみられた．バセンジーとディンゴは，生息域がオオカミとは隔離されているため，交雑は近年のものではなく，これらの犬種がそれぞれの地域で隔離されるよりももっと古い時代に起こったと考えられ，この交雑はほかの犬種にも同様に影響をおよぼしていることが推測できる．これまで紹介した先行研究で提唱されている説，つまりイヌの起源として中東のオオカミが候補としてあげられていたが，じつは中東オオカミといくつかの犬種との共通した遺伝子型は，分岐が近いからではなく，分岐したあとに交雑を繰り返した歴史によるものかもしれない．同じように，東アジアのイヌでの遺伝的多様性の高さや東アジアの村のイヌとオオカミとの遺伝的類似性も，この地域におけるオオカミとの交雑の歴史が反映された結果かもしれない．

（3） オオカミにも存在したボトルネック

祖先種の集団サイズについて解析した結果，オオカミでも約3倍のボトルネックがあることが明らかとなった．その時期は解析法によって異なり，2万年前または1万5000年前からと推定される．先行研究では，現存するオオカミの遺伝的多様性がイヌの祖先種と同程度であると仮定して，イヌのボトルネックの程度が計算されてきた．しかし，今回の研究により，イヌの祖先種の集団サイズは現存するオオカミの遺伝的多様性から計算した値よりも大きく，現存するイヌとオオカミとを比較すると，イヌのボトルネックが実際よりも少なく見積もられてしまう可能性が明らかとなった．先行研究では，イヌのボトルネックは2–4倍とされていたが，今回の研究では16倍と推測された．

（4） オオカミがイヌの直接の祖先ではない可能性

また，近隣結合法によるクラスター解析を行ったところ，オオカミとイヌとで，それぞれ単一系統の姉妹群が形成された．このことは，現在のオオカミがイヌの直接の祖先ではなく，現在のオオカミとイヌとの共通の祖先がほかに存在していたということを示唆している．さらに，生息数統計学的モデルを用いて解析を行ったところ，イヌは異なる地域のオオカミからそれぞれ発生したというよりは，単一の起源をもつと考えたほうが確からしいことが明らかとなった．その分岐の時期は，イヌとオオカミとでおよそ1万5000年前で，バセンジーとボクサーの共通祖先犬種とディンゴとで1万3000年前と推測された．また，イヌがオオカミから分岐した時期は，3つの地域のオオカミがおたがいから分岐した時期とほぼ同じであった（図6.14）．

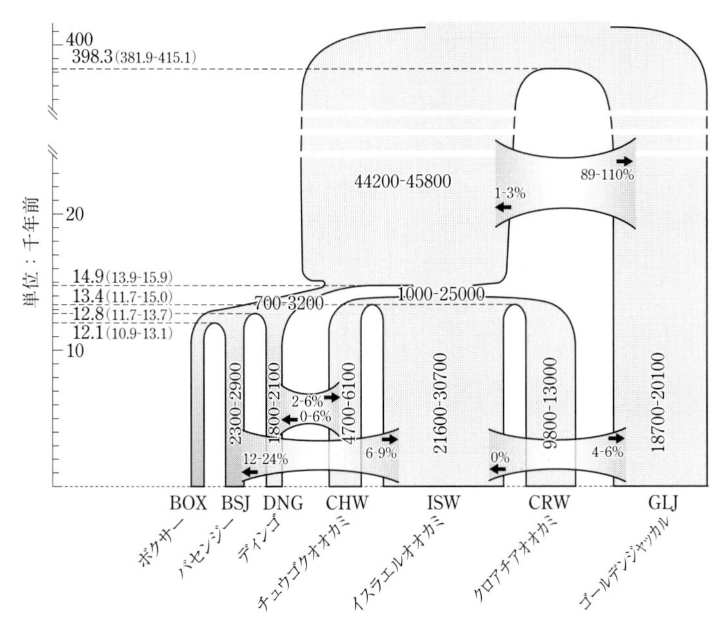

図 6.14　イヌの家畜化の人口統計学的モデル図（Freedman, 2014 より）.

（5）イヌの起源は農耕の発達より前

1万5000年前は，農耕が発達するよりも前の時期であり，考古学的知見とも大きくは違わない．先行研究ではβ-アミラーゼ活性が選択圧として働いたといわれているが，農耕が発達するよりも前にイヌの起源はあると考えられる．今回塩基配列を決定した6個体についてβ-アミラーゼ遺伝子のコピー数を調べたところ，バセンジーは予想どおり複数コピーもっていたが，予想と反してディンゴはオオカミと同じ2コピーであった．さらに12の犬種について調べたところ，シベリアン・ハスキーは3-4コピーしかもっていないのに対して，サルーキは29コピーもっていた．52頭のイヌ，6頭のディンゴ，40頭のオオカミについて調べたところ，近年の犬種は平均的に多くのコピー数をもっている一方で，オオカミとディンゴの多くは2コピーであることが示された．しかし，オオカミでも2コピー以上もっている個体もおり，β-アミラーゼ遺伝子のコピー数の増加は，イヌに限定されたものではないことが明らかとなった（図 6.15）．コピー数の少なかったディンゴと

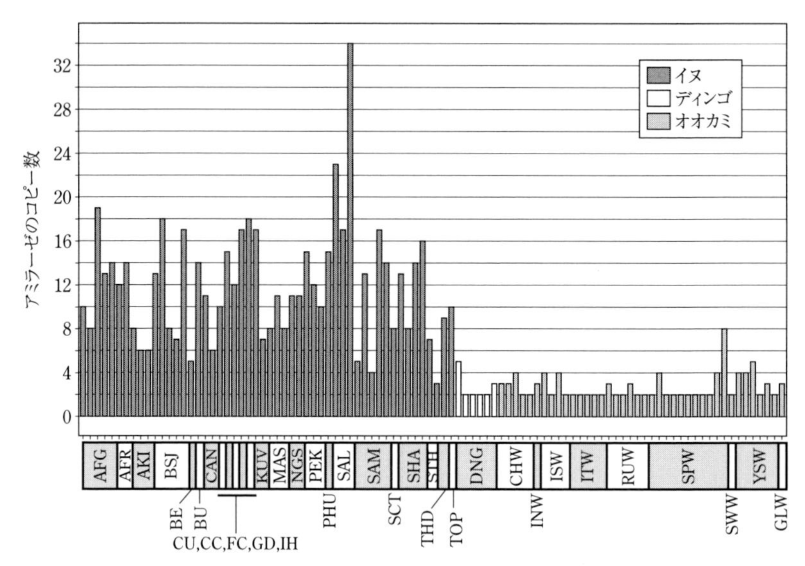

図 6.15　アミラーゼコピー数（Freedman, 2014 より）.
AFG：アフガン・ハウンド，AFR：アフリカニス，AKI：秋田犬，BSJ：バセンジー，BE：ビーグル，BU：ブルドッグ，CAN：カナーン・ドッグ，CU：チワワ，CC：チャイニーズ・クレステッド・ドッグ，FC：フラットコーテッド・レトリーバー，GD：グレート・デーン，IH：イビザン・ハウンド，KUV：クーヴァーズ，MAS：マスティフ，NGS：ニューギニア・シンギング・ドッグ，PEK：ペキニーズ，PHU：プー・クォック・リッジバック・ドッグ，SAL：サルーキ，SAM：サモエド，SCT：スコティッシュ・テリア，SHA：シャー・ペイ，SIH：シベリアン・ハスキー，THD：タイ・リッジバック・ドッグ，TOP：トイ・プードル，DNG：ディンゴ，CHW：チュウゴクオオカミ，INW：インドオオカミ，ISW：イスラエルオオカミ，ITW：イタリアオオカミ，RUW：ロシアオオカミ，SPW：スペインオオカミ，YSW：イエローストーンオオカミ，GLW：五大湖周辺のオオカミ.

シベリアン・ハスキーは，歴史的に農耕社会とかかわりの低い犬種である．これらのことより，もともと家畜化初期のイヌにも存在していたβ-アミラーゼ遺伝子のコピー数多型が，中東，ヨーロッパ，東アジアでの農耕社会の発達とともに一気に広まったと推測できる．

7
日本犬の古代犬という遺伝的特性

7.1 遺伝子系統樹からみた日本犬
——世界でもっともオオカミに近いイヌ

(1) マイクロサテライト配列を用いた研究成果

日本犬は素朴，忠実で勇敢な性質をもち，三角の立耳および巻尾（または差尾）を特徴とし，その体型は数千年前のイヌとほぼ変わらず，原始的なイヌの特徴を色濃く残している．1970年代以降から進められてきた遺伝子解析を用いたイヌの研究には，世界の犬種とともに日本犬がサンプルとして含まれており，日本犬が世界の犬種のなかでどのような立ち位置にいるのかを知ることができる．

2004年にワシントン大学のパーカーらによって発表された85犬種からなる414頭のイヌのマイクロサテライト配列の96座位を比較した研究では，日本犬である柴犬と秋田犬がサンプルとして含まれていた．近隣結合法によるクラスター解析の結果，85犬種のうちの9犬種がオオカミに遺伝的に近いとしてそのほかの多くの犬種から分類され，その9犬種のなかには日本犬である柴犬と秋田犬が含まれていた（図6.4参照）．このことは日本犬がそのほかの多くの犬種よりも遺伝的にオオカミに近いことを示している．さらには，オオカミに遺伝的に近いとされた9犬種のなかでも，柴犬と秋田犬はもっともオオカミに近いとされるアジア・スピッツタイプの4犬種のなかに分類された．このアジア・スピッツタイプの4犬種には，柴犬と秋田犬のほかに，シャー・ペイとチャウ・チャウが含まれていた．オオカミに遺伝的に近いとされた残りの5犬種は，古代アフリカ犬種であるバセンジー，北極地方のスピッツタイプの2犬種（アラスカン・マラミュート，シベリアン・ハスキー），中東の視覚獣猟犬の2犬種（アフガン・ハウンド，サルーキ）であった．この研究成果により，柴犬と秋田犬は遺伝的にオオカミに近く，古代のイヌの遺伝的特徴を保持している犬種の1つであることが示された．

（2） SNPs情報を用いた研究成果

また，2010年にもカリフォルニア大学のフォンホルズらによって日本犬を含むさまざまな犬種の遺伝子を比較した研究成果が発表されている．本研究では，SNPs情報をもとに作成されたアレイを用いて犬種間で比較が行われている．85犬種912頭のイヌと11地域からなる225頭のオオカミにおける4万8000 SNPsが解析され，近隣結合法によるクラスター解析が行われた結果，オオカミに遺伝的に近いグループとしてバセンジーおよび6つの犬種がそのほかの多くの犬種から分類され，秋田犬がその6つの犬種に含まれていた（図6.8参照）．この6つの犬種には秋田犬のほかに，チャウ・チャウ，ディンゴ，シャー・ペイ，アラスカン・マラミュート，シベリアン・ハスキーが含まれていた．2004年に発表された研究成果での9犬種に含まれていたアフガン・ハウンドとサルーキは，2010年の研究成果ではバセンジーと6つの犬種のつぎにオオカミに近い犬種のクラスターとして分類されており，2004年の研究成果と2010年の研究成果とでは，ほぼ同様の犬種がオオカミに近い集団として分類されている．なお，2010年の研究成果には，柴犬はサンプルに含まれていない．

（3） ミトコンドリアDNA配列を用いた研究成果

1997年に麻布大学の津田薫らによって発表されている34頭のイヌおよび19頭のオオカミのミトコンドリアDNA（mtDNA）のDループ配列（約1200 bp）を比較した研究にも，日本犬である北海道犬，秋田犬，甲斐犬，紀州犬，柴犬，三河犬，四国犬，琉球犬がサンプルとして含まれているものの，イヌを犬種ごとに分類することはできておらず，作成された遺伝子系統樹では日本犬，そのほかの犬種およびオオカミが散在していた．mtDNAのDループ配列からは，オオカミとイヌとを明確に分けることができないと考察されている．

(4) ドーパミン受容体 D_4 遺伝子の多型を用いた研究成果

さらには，2004年に岐阜大学の伊藤英之らによって発表されているドーパミン受容体 D_4 遺伝子の多型の犬種差を調査した研究にも，日本犬である北海道犬，柴犬，秋田犬，四国犬がサンプルとして含まれている．作成された系統樹では，日本犬4犬種および中国原産のシー・ズーの関係性が近く，欧米犬種とは異なっていることが示されたが，オオカミがサンプルに含まれていないため，オオカミとの遺伝的近さについては不明のままであった．

(5) 日本犬の純潔

これらの研究成果により，遺伝子系統樹における日本犬は，世界でもっともオオカミに近いイヌであることが示された．その繁殖の歴史や身体的特徴より原始的なイヌに近いといわれていた日本犬は，遺伝子的にもオオカミに近いことが明らかとなった．遺伝子系統樹上でオオカミに近いと分類された犬種には共通した特徴がある．それは，ヨーロッパで19世紀に起こったケネルクラブの設立にともなう過激な人為的繁殖から地域的または文化的に隔離されていたことである．日本犬は島国である日本で長い間，他国からのイヌと混血することなく，その純潔がほぼ保たれてきたのだと考えられる．

7.2 日本のオオカミと日本犬の関係

(1) 日本にいたオオカミ

日本には北海道にエゾオオカミ，本州，四国，九州にニホンオオカミが生息していた．エゾオオカミはニホンオオカミに比べて身体が大きかったことが知られているが，両者ともすでに絶滅しており，その動物学的位置や由来については不明な点が多い．それらを明らかにするためには残された試料（おもに骨）を使用するほかはないが，その数はとても少なく，多くの研究ができていないのが現状である．

（2）　ニホンオオカミのミトコンドリアDNA解析

8頭のニホンオオカミ（図7.1）のmtDNAを骨より採取し，ハイイロオオカミやイヌの塩基配列と比較した研究が，2009年に岐阜大学の石黒直隆らにより発表されている．8頭のうち愛媛県産のサンプル（JW259）を除く7頭について，590-598 bpのmtDNA塩基配列の決定に成功した．得られたニホンオオカミの配列を柴犬（1頭），紀州犬（1頭，サンプル#Kishuu 25），ハイイロオオカミ（4頭）と比較した結果，ニホンオオカミには共通して78番目のC塩基の挿入と482番目のG塩基の欠失がみられた．7頭のニホンオオカミの塩基配列には共通した多型が多くみられ，それらは紀州犬の配列とは近かったものの，柴犬の配列やハイイロオオカミの配列とは大きく異なっていた．

すでに報告されているハイイロオオカミやイヌの塩基配列と塩基配列を決定した7頭のニホンオオカミの塩基配列とを合わせて近隣結合法によるクラスター解析を行った結果，7頭のニホンオオカミはハイイロオオカミやイヌの集団とは離れた位置にまとまった1つのクラスターとして分類され（図7.2），ニホンオオカミが独立した祖先から由来していることが示された．このクラスターには紀州犬（Kishuu 25）とシベリアン・ハスキー（サンプル

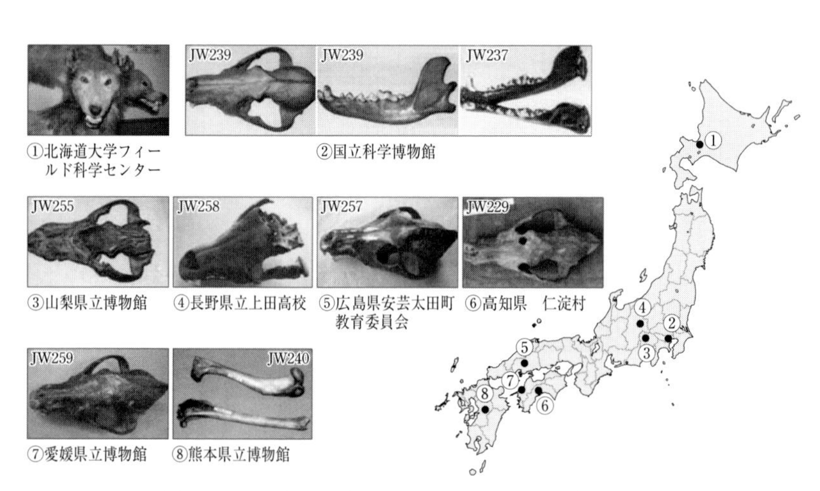

図7.1　研究に用いられたニホンオオカミの骨（石黒，2012より）．

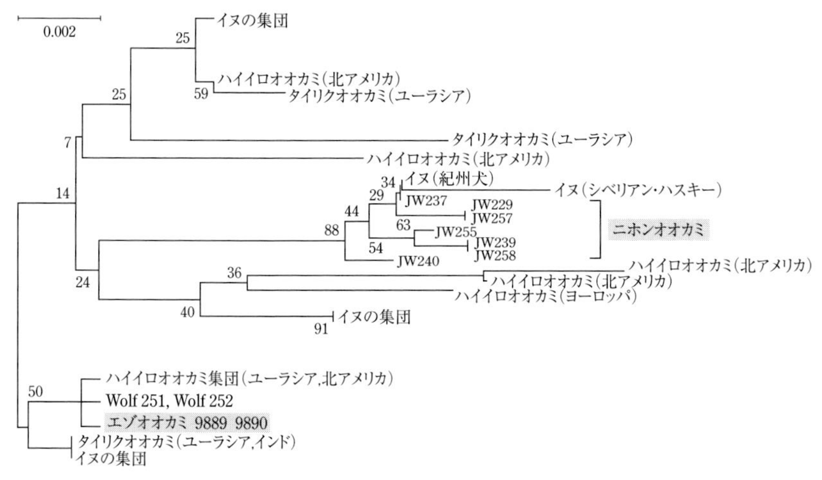

図 7.2　イヌとオオカミの遺伝系統樹（石黒，2012 より）.
左上の目盛りは，サイトあたりの置換数として遺伝的距離を示す．Wolf 251 と 252 は東京大学総合研究博物館に保管されているタイリクオオカミおよびチョウセンオオカミを示す.

#S-Husky 102）が 1 頭ずつ含まれていた．Kishuu 25 の mtDNA 配列には，ニホンオオカミのサンプルのうちの 1 頭に特異的にみられる 8 塩基欠失多型がみられており，ニホンオオカミと日本土着のイヌとの間に交雑があった可能性が考えられる．S-Husky 102 とニホンオオカミとが直接に遺伝的な関係を有していたとは考えにくいが，もしかすると何世代も前の祖先で関連があったのかもしれない．なお，Kishuu 25 と S-Husky 102 の配列はイヌのなかでは特異的な配列であり，この 2 種類の犬種がニホンオオカミに遺伝的に近いことを示すものではない．ニホンオオカミと日本犬との関係性は定かではないが，ニホンオオカミのクラスターに位置したイヌは Kishuu 25 と S-Husky 102 のみであり，日本犬がニホンオオカミから直接由来しているとは考えにくい.

（3） ニホンオオカミの形態的特徴

mtDNA の解析に用いられたニホンオオカミは，その形態的特徴についても解析されている．頭蓋骨と下顎骨の骨形態計測を行った結果，ニホンオオカミは秋田犬よりも大きくハイイロオオカミよりは小さいことが明らかとなった．ニホンオオカミの由来についてはいまだはっきりしたことはわからないが，ニホンオオカミが北海道ではみられていないことより，朝鮮半島を経由して九州，四国，本州へと渡来し，島小化によりタイリクオオカミに比べて体格が小さくなり，タイリクオオカミとは隔離された形で日本列島に閉じ込められていたのかもしれない．

（4）　エゾオオカミのミトコンドリアDNA解析

一方，北海道に生息していたエゾオオカミについても，わずか2頭ではあるが，岐阜大学の石黒直隆によって751 bpのmtDNAの分析が行われている．その結果，エゾオオカミはハイイロオオカミの集団に分類され，増幅した塩基配列は北アメリカのハイイロオオカミと同じであったことが報告されている（図7.2）．mtDNA解析が行われた2頭を含む4頭のエゾオオカミの形態的計測も行われている．エゾオオカミの大きさは，ニホンオオカミと秋田犬よりも大きく，ハイイロオオカミの大きさと近かった．これらの結果より，エゾオオカミはニホンオオカミよりもハイイロオオカミに近縁であったと考えられ，エゾオオカミの起源は樺太島を通ってアジアから北海道に入ってきたタイリクオオカミであり，その分布は北海道にとどまり，本州までは広がらなかったと推測された．また，エゾオオカミにはニホンオオカミでみられる島小化もみられず，その渡来時期はニホンオオカミよりも新しいと考えられる．

（5）　日本犬と日本にいたオオカミとの関係性

日本犬は，ニホンオオカミやエゾオオカミの直接の子孫ではないようである．つまり，オオカミからイヌへの家畜化が日本列島内で起こったのではなく，日本犬はイヌとして日本列島に渡ってきたのであろう．その後，日本列島内で出会った日本犬とオオカミとの間では，交配が起こった可能性は十分に考えられる．

8 日本犬のなかの比較

8.1　血統による血の違い——血液タンパク質多型の分析

（1）　赤血球の糖脂質を比較した研究

1978年に東京大学の安江すみ子らによって発表されたさまざまな犬種の赤血球の糖脂質を比較した研究により，狆，柴犬，甲斐犬，紀州犬などの日本犬が，欧米犬種とは異なる糖脂質をもっていることが明らかとなった．一方，北海道犬と秋田犬には日本犬種特有の糖脂質がみられず，日本犬のなかでも北の地方原産である北海道犬と秋田犬は，狆，柴犬，甲斐犬，紀州犬などそのほかの日本犬と異なるようであった．しかし，研究に用いられた北海道犬と秋田犬の例数はそれぞれ2頭と5頭と少なく，明確な結論には至っていない．

（2）　血液タンパク質多型を比較した研究

1991年になると，日本犬どうしの遺伝的関係性を調査するために，日本犬とそのほかアジア，ヨーロッパ，ロシアのイヌおよびエスキモー犬からなる3632頭46犬種のイヌの血液タンパク質について電気泳動法を用いて多型を調査した成果が，岐阜大学の田名部雄一により発表された．日本犬の代表的な犬種としては，北海道犬，秋田犬，甲斐犬，紀州犬，柴犬，四国犬，琉球犬の7犬種が知られている．柴犬には産地により，美濃柴犬，信州柴犬，山陰柴犬，秋田柴犬（縄文柴犬）の4つの系統がいる．琉球犬には，沖縄本島北部の山原出身の系統と石垣島出身の系統とがいる．また日本土着のイヌとして9つの地域犬が知られており，それらはそれぞれ種子島，屋久島，奄美大島，沖縄本島，西表島，壱岐，対馬，南島（三重），志摩（三重）に生息している．これら日本犬の血液が研究に用いられた．

（3） 朝鮮半島を中心とした地理的勾配

調査した27種類の血液タンパク質のうち16種類では多型がみられたが，11種類では多型がみられなかった．そのうち，犬種による多型の出現頻度の違いがもっともよくみられたものは，赤血球のヘモグロビン（Hb）と赤血球のガングリオシドモノオキシゲナーゼ（Gmo）であった．HbにはHb^A型とHb^B型とがあり，Hb^A型はアジアのイヌでのみみられ，ヨーロッパやロシアのイヌではみられなかった（図8.1）．Hbの多型の分布を地図上でみると，Hb^A型は朝鮮半島を通って日本に入ってきていることが明らかであった．また，GmoにはGmo^a型とGmo^g型とがあり，その多型の分布でもHbと同様の傾向（Gmo^g型がアジアのイヌでのみみられ，日本犬では朝鮮半島に近いほどGmo^g型が多い傾向）がみられた（図8.2）．そのほかのいくつかの血液タンパク質多型でも，アジアのイヌとヨーロッパのイヌとで出現頻度の違いがみられており，日本犬での分布には朝鮮半島を中心とした地理的勾配がみられた．

（4） 日本へのイヌの流入経路

続いて，血液タンパク質多型の出現頻度について主成分分析を行い，もっとも寄与率の高かった2成分のスコアを用いた46犬種の相対的位置を示す散布図が作成された（図8.3）．その結果，北海道犬と琉球犬（山原，石垣）と西表のイヌと屋久島のイヌとが近い関係にあることが明らかとなった．北海道と沖縄は日本の最北端と最南端であり，これらのイヌが近い関係にあることはその地理的距離から考えると驚きである．また，散布図においてこれらのイヌはそのほかの日本のイヌとは少し離れた位置にあり，韓国の犬種であるジンドー犬とチェジュ島（朝鮮半島の西南）のイヌとはもっとも離れた位置にあった．山陰柴犬と秋田犬と志摩のイヌと対馬のイヌは，ジンドー犬とチェジュ島のイヌに比較的近い関係にあった．さらに，台湾土着のイヌと狆とパグとチャウ・チャウとは，美濃柴犬と四国犬とが近い関係にあった．

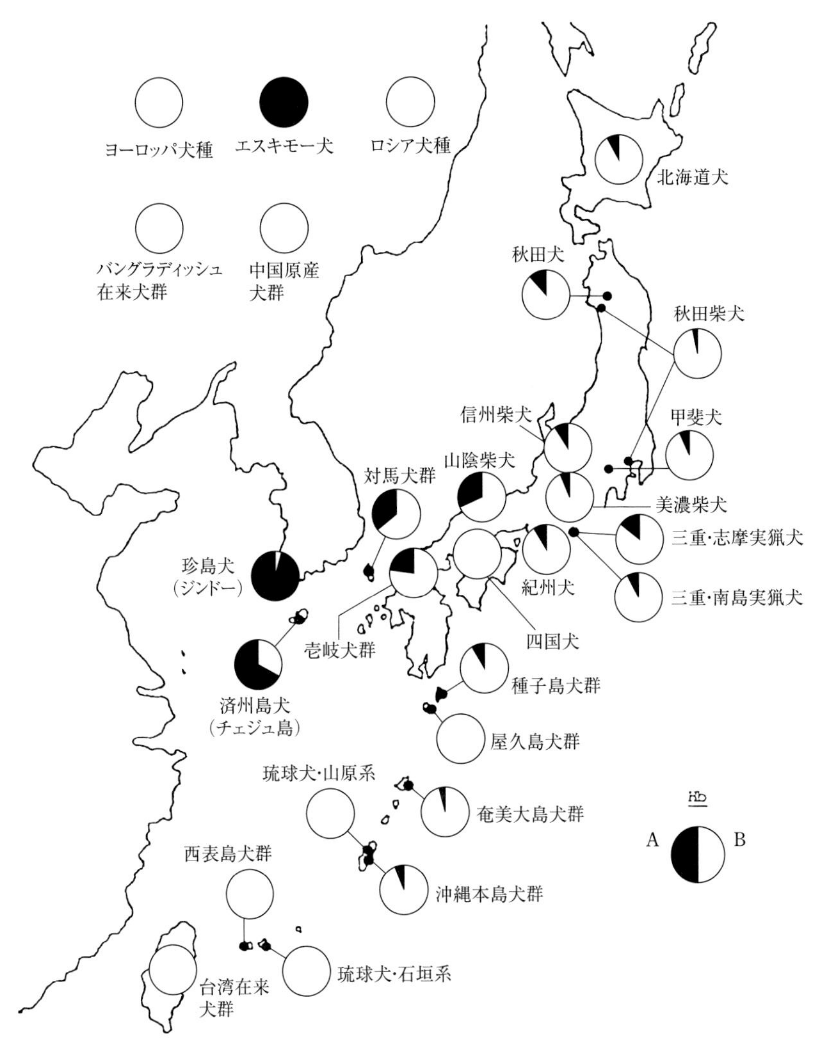

図 8.1　日本および近傍地域における赤血球ヘモグロビン（Hb）多型の地理的広がり（Tanabe, 1991b より）.

これらの結果より，日本へ入ったイヌの流れとしては少なくとも 2 通りあったと考えられた．まず 1 つめは東南アジアから琉球や台湾を通って北海道を含む日本全土へ広まった流れ，2 つめは朝鮮半島から日本本土（北海道や沖縄を除く）へ広まった流れである．

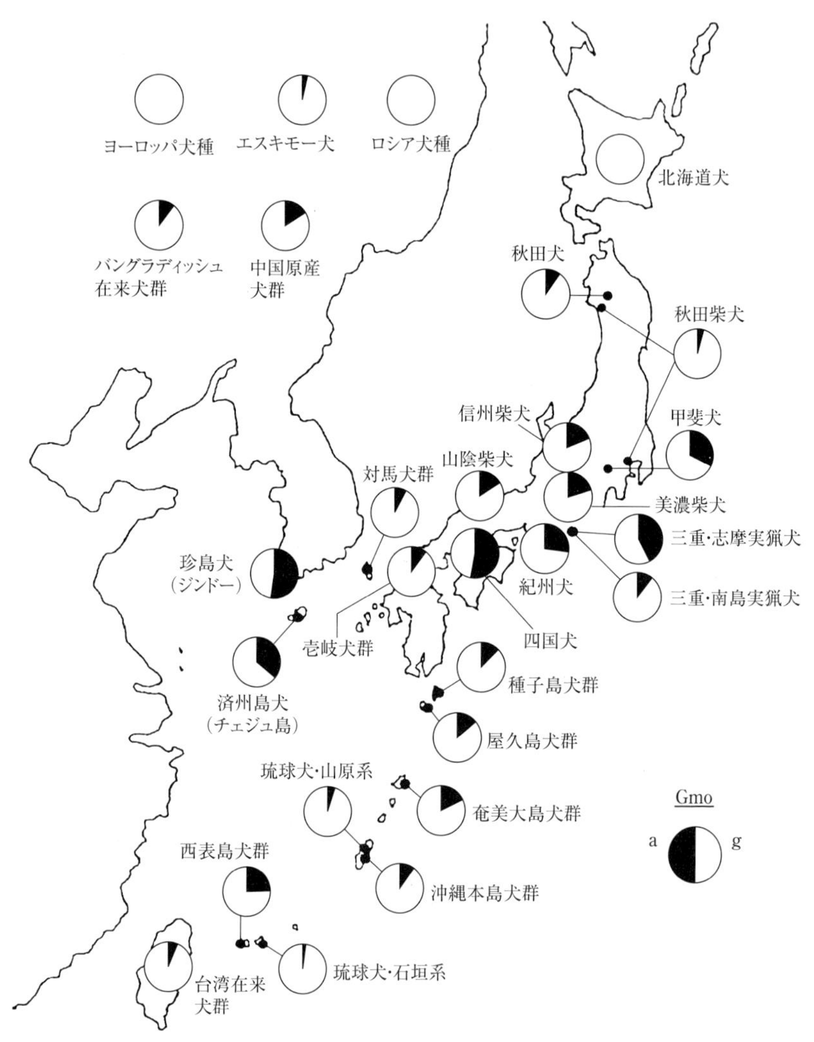

図 8. 2　日本および近傍地域における赤血球ガングリオシドモノオキシゲナーゼ（Gmo）多型の地理的広がり（Tanabe, 1991b より）.

(5)　日本犬の二重構造モデル

考古学的知見や歴史と総合すると，北海道犬と琉球犬は東南アジアから琉球の島々を通って日本へ入ってきた縄文人とともに1万2000年から1万年

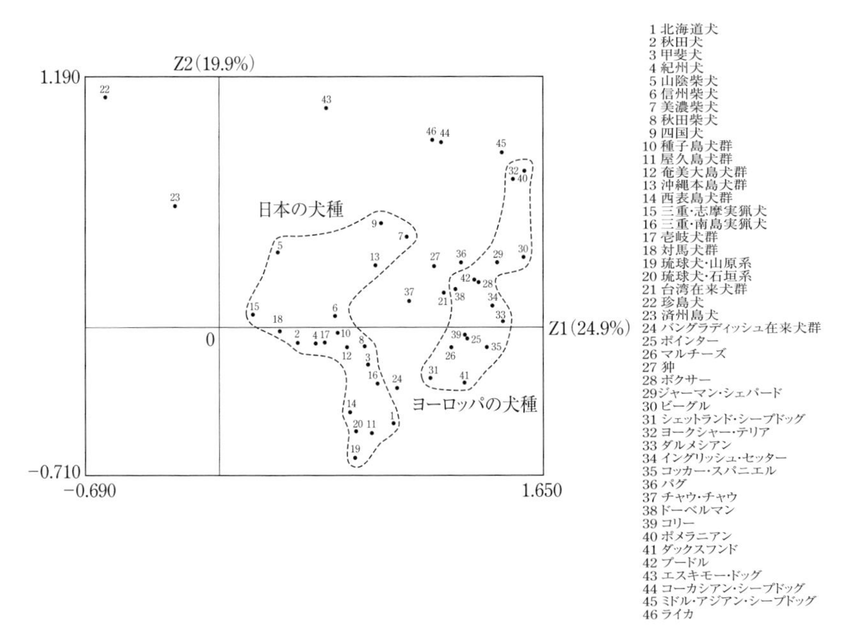

図 8.3　16 種類の血液タンパク質多型の出現頻度の主成分分析にもとづく 46 犬種の相対的位置を示す散布図（Tanabe, 1991b より）.

前に日本へ入ってきた縄文犬の子孫であり，そのほかの日本のイヌは，朝鮮半島を通って日本へ入ってきた弥生人とともに 2300–1700 年前に日本へ入ってきた韓国由来のイヌと縄文犬との交雑犬の子孫であると考えられる．日本のイヌと韓国のイヌとの遺伝的距離が，日本のイヌと中国や台湾のイヌとの遺伝的距離に比べて遠いことより，縄文犬の頭数は朝鮮半島から新しく入ってきたイヌの頭数よりも多かったことが推測される.

（6）　赤血球高カリウム（HK）突然変異を用いた研究

赤血球高カリウム（HK）突然変異の出現頻度について，日本犬および東アジアのイヌで調査した結果が 1997 年に麻布大学の藤瀬浩らによって発表されており，この調査結果でも，日本犬での分布には朝鮮半島を中心とした地理的勾配がみられることが明らかとなっている．HK の症例は日本犬で報告されており，通常だと Na が高く K が低い赤血球細胞中の陽イオンが，K が高く Na が低くなっている．HK のイヌでは，玉ねぎ抽出液や芳香族スルフィドに敏感で溶血しやすいといった特徴をもつものの，普段生活するうえで大きな問題には至らない．

462頭，13種の日本犬（北海道犬，秋田犬，信州柴犬，美濃柴犬，山陰柴犬，甲斐犬，紀州犬，三河犬，四国犬，琉球犬，壱岐のイヌ，対馬のイヌ，薩摩のイヌ），および339頭，9種の東アジア（韓国，台湾，インドネシア，ロシア，モンゴル）のイヌの血液が採取され，細胞内のK濃度が測定された．調査された13種の日本犬のうち3種（壱岐のイヌ，対馬のイヌ，薩摩のイヌ）を除く10種において，HKの個体がみられた．また，9種の東アジアのイヌでは，韓国のイヌでのみHKの個体がみられ，ジンドー犬では40頭中17頭でみられた．これは，およそ42%であり，今回調査したイヌのなかでもっとも高い割合となる．日本犬内では，山陰柴犬でもっとも多くみられ，40頭中15頭（約38%）でみられた．続いて，信州柴犬，秋田犬，三河犬，美濃柴犬，甲斐犬，紀州犬の順に多くみられた．HKは北海道犬，四国犬，琉球犬でもわずかにみられたが，九州の島々のイヌ（壱岐，対馬，薩摩）ではみられなかった．日本犬でのHKの分布には，朝鮮半島を中心とした地理的勾配がみられ，朝鮮半島から日本へのイヌの流れを支持する結果であった．

8.2　ミトコンドリアDNA解析による比較

（1）　ミトコンドリアDNAのDループの約970 bpの配列比較

日本犬のミトコンドリアDNA（mtDNA）を比較した研究成果が1996年に帯広畜産大学の奥村直彦らによって発表された．mtDNAのDループの約970 bpの配列を73頭，8種の日本犬（柴犬28頭，秋田犬9頭，北海道犬8頭，琉球犬12頭，紀州犬5頭，壱岐のイヌ8頭，四国犬2頭，甲斐犬1頭），および21頭の日本犬以外の犬種のイヌ（アフガン・ハウンド，ビーグル，キャバリア・キングチャールズ・スパニエル，コリー，ダルメシアン，ドーベルマン，グレート・ピレニーズ，ペキニーズ，ポインター，プードル，サルーキ，パグ，シェットランド・シープドッグ，シー・ズー，シベリアン・ハスキー，カナディアン・エスキモー・ドッグ）で比較した結果，38

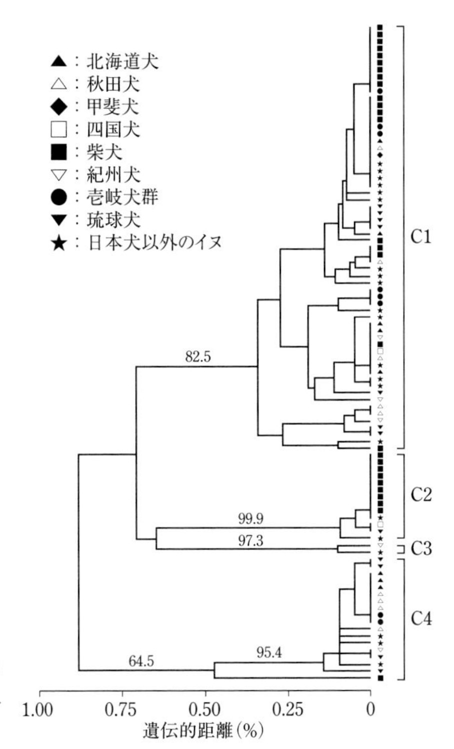

図8.4　日本犬およびそのほかの犬種のmtDNA配列にもとづく系統樹（Okumura *et al.*, 1996より）.

種類の異なるハプロタイプ（遺伝子の組み合せ）が検出された.

系統樹解析を行った結果，4つのクラスターが形成された（図8.4）．クラスター1（C1）には61頭のイヌが含まれており，15頭の日本犬以外のイヌおよび柴犬18頭，琉球犬7頭，壱岐のイヌ6頭，北海道犬5頭，秋田犬5頭，紀州犬3頭，甲斐犬1頭，四国犬1頭が含まれていた．クラスター2（C2）には13頭のイヌが含まれており，そのうち9頭は柴犬で，四国犬1頭，琉球犬1頭，日本犬以外のイヌ2頭であった．クラスター4（C4）には18頭のイヌが含まれており，柴犬はそのうち1頭のみで，北海道犬3頭，琉球犬4頭，秋田犬4頭，壱岐のイヌ2頭，紀州犬1頭，日本犬以外のイヌ3頭が含まれていた．クラスター3（C3）は紀州犬1頭，シベリアン・ハスキー1頭で合計2頭のイヌで構成されていた．要するに，系統樹ではさまざまな犬種のイヌが散在しており，犬種ごとには分類されなかったということである．続いて，日本犬の多型頻度および犬種間の違いが調査された．多型頻度がもっとも高かったのは紀州犬であり，もっとも低かったのは柴犬であった．また犬種間では，柴犬と秋田犬の違いがもっとも高く，北海道犬と壱岐のイヌとの違いがもっとも低かったが，値としては同程度であり，遺伝的多様性は犬種間では大きくは変わらなかった．

mtDNAのDループの約970bpの配列では，日本犬と日本犬以外のイヌは遺伝的に区別できなかった．また，品種に特有なmtDNAハプロタイプもみられなかった．犬種間の交雑が激しく起こったためにクラスターが消滅したのだろうか．しかし，調査した8種の日本犬は歴史上その純血が保護されてきており，クラスターが消滅されるほどの交雑が起こったとは考えにくい．それよりは，血液タンパク質多型の解析でもみられたように，現在の日本犬はそれぞれ異なる時期に日本に入ってきた2系統のイヌの交雑により作成されていると考えたほうが自然であろう．さらには，日本にイヌが入ってきた当時，日本犬8種が形成されるよりも前から豊富な遺伝的多様性をもっていた可能性も考えられる．

（2）　古代日本犬のミトコンドリアDNAを比較した研究

1999年には日本および近隣諸島で採取された古代犬のmtDNAを比較した研究成果が奥村直彦らによって発表されている．30の遺跡より発掘された，縄文時代，弥生時代，古墳時代，オホーツク時代，鎌倉時代の古代犬145頭のmtDNA（198塩基対）の塩基配列が決定され，そのうち74頭（51%）のサンプルの配列を得ることができた．古代犬のmtDNAは19のタイプに分類された（表8.1）．古代犬の19のハプロタイプのうち5種類は現代のイヌでもみられるもの（M1, M2, M5, M10, M11）で，14種類は古代犬でのみみられるもの（A1–A14）であった．現代のイヌのハプロタイプと合わせて系統樹解析を行ったところ，現代のイヌは3つのクラスター（CL1–CL3）に分類され，古代犬はすべてCL1に分類された．

縄文時代の遺跡のイヌ（14の遺跡に由来する28検体）からは，M2（9検体）とM5（5検体）とそのほか古代犬でのみみられたハプロタイプA2（5検体），A3（4検体），A6（4検体），A14（1検体）が検出された．弥生時代の遺跡のイヌ（2の遺跡に由来する7検体）からは，M2（3検体）と古代

表8.1 古代犬の発掘された遺跡とそのmtDNAのハプロタイプ(Okumura, 1999より).

遺跡番号	遺跡(県または島, 時代)	調査された検体数	DNAシーケンス解析に用いられた検体数	ハプロタイプ
O-1	鈴谷貝塚(樺太島, オホーツク)	22	16	M1, M5, M5, M5, M5, M5, M5, M5, M5, M5, M5, A5, A7, A10, A10, A11
O-2	武蔵湾遺跡(幌筵島, オホーツク)	1	1	M10
O-3	占守島遺跡(占守島, オホーツク)	2	2	M10, A13
O-4	トーサムポロ貝塚(北海道, オホーツク)	1	1	M5
O-5	弁天島貝塚(北海道, オホーツク)	4	4	M5, M5, M5, A1
O-6	浜中遺跡(礼文島, オホーツク)	5	5	M5, M5, M10, A5, A7
J-7	函館市内貝塚(北海道, 縄文)	1	1	M5
J-8	是川貝塚(青森, 晩期縄文)	1	1	M2
J-9	大洞貝塚(岩手, 晩期縄文)	3	3	M2, M5, A3
J-10	門前貝塚(岩手, 中-後期縄文)	1	1	M2
J-11	田柄貝塚(宮城, 後期縄文)	27	10	M5, M5, A2, A2, A2, A2, A3, A6, A6, A6
J-12	細浦貝塚(宮城, 縄文)	1	1	A2
J-13	里浜貝塚(宮城, 晩期縄文)	1	0	
J-14	前浜貝塚(宮城, 後期縄文)	1	0	
J-15	姉崎台貝塚(千葉, 後期縄文)	2	2	M2, M5
J-16	矢作貝塚(千葉, 後-晩期縄文)	1	0	
J-17	加曽利貝塚(千葉, 中-後期縄文)	1	1	A6
J-18	姥山貝塚(千葉, 中-後期縄文)	1	0	
J-19	杉田貝塚(神奈川, 中-晩期縄文)	1	1	M2
J-20	平井貝塚(愛知, 晩期縄文)	2	2	M2, M2
J-21	吉胡貝塚(愛知, 晩期縄文)	4	0	
J-22	伊川津貝塚(愛知, 晩期縄文)	2	2	A3, A3

表 **8.1** (続き)

遺跡番号	遺跡(県または島,時代)	調査された検体数	DNAシーケンス解析に用いられた検体数	ハプロタイプ
J-23	保美貝塚(愛知,晩期縄文)	1	1	M2
Y-24	朝日遺跡(愛知,弥生)	5	2	A9, A12
J-25	羽島貝塚(岡山,中期縄文)	1	1	M2
J-26	津雲貝塚(岡山,後-晩期縄文)	1	0	
C-27	草戸千軒遺跡(広島,鎌倉)	21	9	M2, M2, M2, M2, M2, M11, M11, M11, M11
Y-28	原の辻遺跡(壱岐島,弥生)	29	5	M2, M2, M2, A4, A4
K-29	大門貝塚(長崎,古墳)	1	1	A8
J-30	轟貝塚(熊本,早-後期縄文)	1	1	A14
	総計	145	74	

犬でのみみられたハプロタイプA4(2検体),A9(1検体),A12(1検体)が検出された.古墳時代の遺跡のイヌ(1の遺跡に由来する1検体)からはA8(1検体)が検出され,鎌倉時代の遺跡のイヌ(1の遺跡に由来する9検体)からはM2(5検体)とM11(4検体)が検出された.また,北海道周辺のオホーツク時代の遺跡のイヌ(6の遺跡に由来する29検体)からは,M5(16検体)とM1(1検体)とM10(3検体)と,そのほか古代犬でのみみられたハプロタイプA1(1検体),A5(2検体),A7(2検体),A10(2検体),A11(1検体),A13(1検体)が検出された.このように,古代犬において,現代のイヌではみられないものを含むさまざまなハプロタイプが検出されたことより,日本の古代犬は遺伝的多様性に富んでいたことが推測される.また,古代犬がすべてCL1に分類されたことより,日本犬ではCL2とCL3のイヌのハプロタイプ(柴犬,四国犬,琉球犬,秋田犬,紀州犬,北海道犬,壱岐のイヌの一部でみられる)は,比較的新しい時代に日本に入ってきたイヌに由来していると考えられる.

(3) 地理的分布からみられる2つのイヌの流れ

地理的分布をみると(図8.5),M5は千葉県より北の多くの遺跡の古代犬でみられ,現代の日本犬では琉球犬でみられた.M2は青森県より南の多く

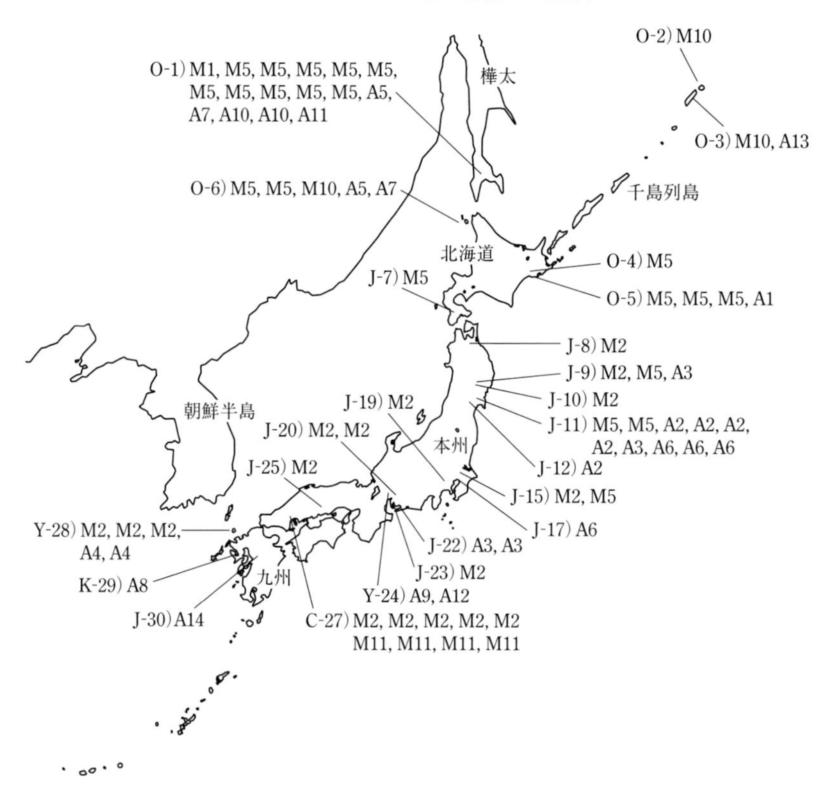

図 8.5　古代犬の mtDNA ハプロタイプの地理的分布（Okumura, 1999 より）．

の遺跡でみられ，現代の日本犬では柴犬，秋田犬，北海道犬，壱岐のイヌ，甲斐犬，琉球犬でみられた．M1 はオホーツクの島々の遺跡 1 カ所でのみみられ，現代の日本犬では柴犬，秋田犬，紀州犬でみられた．M10 はオホーツクの島々の遺跡 3 カ所でみられ，現代の日本犬では秋田犬，柴犬でみられた．M11 は愛知県の遺跡 1 カ所でみられ，現代の日本犬では紀州犬，柴犬でみられた．また，M1 と M2 と M5 と M10 には日本犬以外のイヌも含まれていた．ハプロタイプ M2 と M5 は，縄文時代およびそのほかの時代の遺跡のイヌから検出されており，日本犬の基礎となったハプロタイプと考えられる．その分布は地域で偏っており，北からのイヌの流れと南からのイヌの流れが日本列島で交差しているようにもみられた．血液タンパク質多型の解析と同じように，2 つのイヌの流れが推測されたが，M2 と M5 の両方が縄文時代の遺跡のイヌから検出されており，一方が縄文時代に起こった流入で，もう一方が弥生時代に起こったものという仮説とは一致しない結果となった．これら mtDNA の解析により，日本の古代犬は遺伝的多様性に富んでいたこと，また，日本犬は北から入ったイヌのタイプと南から入ったイヌのタイプとの交雑である可能性が示唆された．

8.3 マイクロサテライト DNA 解析による比較

（1） 日本犬の遺伝的多様性

2001 年には，213 頭，11 種類の日本犬（柴犬，秋田犬，紀州犬，北海道犬）および東アジアのイヌ（ジンドー犬，サプサリ犬，韓国土着のイヌ，カナディアン・エスキモー・ドッグ，シー・ズー，樺太土着のイヌ，台湾土着のイヌ）のマイクロサテライト DNA 配列を比較した研究成果が慶北大学校のキンらによって発表されている．11 種類のイヌの 8 カ所のマイクロサテライト DNA の塩基配列が決定され，遺伝子型判定が行われた．その結果，今回調査した 11 種類のなかでは柴犬の遺伝的多様性がもっとも低く，韓国土着のイヌの遺伝的多様性がもっとも高いことが明らかとなった．また，サプサリ犬やジンドー犬を含む韓国のイヌの遺伝的多様性が比較的高いのに対して，日本のイヌは全体的に比較的低く，日本犬はあまり交雑が行われていないと推定された．

（2） 日本犬の遺伝的距離

11 種類のイヌの遺伝的距離を計算した結果，サプサリ犬とジンドー犬，韓国土着のイヌとジンドー犬，韓国土着のイヌと樺太土着のイヌが遺伝的に近いことが明らかとなった．一方，秋田犬と柴犬，北海道犬と柴犬の遺伝的距離が遠いことが明らかとなった．

系統樹解析を行ったところ，北海道犬と秋田犬，サプサリ犬とジンドー犬がそれぞれ同じクラスターに分類された（図 8.6）．柴犬と紀州犬がそのほかすべての犬種の基部に位置した．主成分分析によってさらなる解析が行われた結果，韓国のイヌは比較的近い関係にあるのに対して，日本のイヌは多

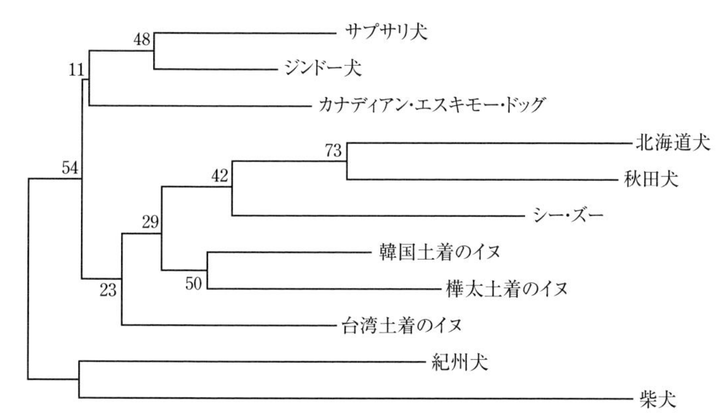

図 8.6 アジア土着のイヌ 11 種類のマイクロサテライト DNA 配列にもとづく系統樹（Kim *et al.*, 2001 より）.

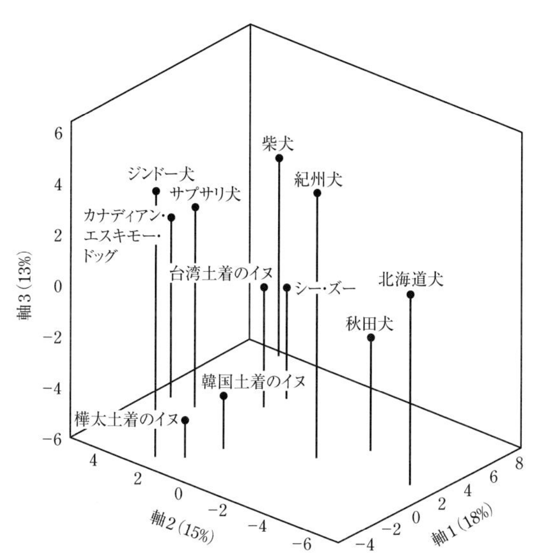

図 8.7 アジア土着のイヌ 11 種類のマイクロサテライト DNA 配列主成分分析にもとづく散布図（Kim *et al.*, 2001 より）.

様であることが示された（図 8.7）. ジンドー犬, サプサリ犬, カナディアン・エスキモー・ドッグの関係が近く, 台湾土着のイヌとシー・ズーの関係も近いことが示された.

（3）　日本犬の遺伝的特徴

マイクロサテライトDNA解析により，日本犬は犬種内が比較的均一であるのに対して，犬種間（日本犬全体）では遺伝的多様性が高いことが示された．日本犬は単一祖先から派生しているのではなく，いくつかの遺伝的に異なる祖先集団およびその交雑種より構成されているのかもしれない．これは，血液タンパク質多型の分析から考えた日本へのイヌの流入経路は複数あるという仮説と一致した結果である．

8.4　独自に確立された柴犬の系統――マイクロサテライトDNA解析による柴犬3内種の遺伝的分化

（1）　柴犬の4系統とは

柴犬は日本犬のなかでももっとも飼育数の多い犬種である．柴犬には産地により，美濃柴犬，信州柴犬，山陰柴犬，秋田柴犬（縄文柴犬）の4つの系統があり，それぞれの保存・育成会によって血統が保存されている（図8.8）．これまでの日本犬を比較した遺伝子解析では，柴犬はひとくくりにまとめられており，柴犬4系統は区別されていない．柴犬4系統の遺伝的関係性について調査することを目的とした研究の成果が，2008年に岐阜大学の牧拓也らによって発表されている．

（2）　柴犬4系統の遺伝的多様性と遺伝的距離

柴犬4系統，北海道犬，秋田犬，四国犬，薩摩犬，琉球犬，日本スピッツ，ラブラドール・レトリーバーの8犬種，合計430頭のイヌのマイクロサテライト17座位について配列が決定され，遺伝子型判定が行われた．その結果，柴犬の各系統はほかの犬種とほぼ同程度の遺伝的多様性があることが示された．また，今回調査した11集団のなかでは，琉球犬がもっとも高い遺伝的多様性をもっていた．

11集団間の遺伝的距離を計算した結果，柴犬4系統では，信州柴犬と美濃柴犬がもっとも近く，2番目に近いペアは信州柴犬と秋田柴犬（縄文柴

図 8.8　典型的な柴犬の形態（牧ほか，2008 より）．
A：信州柴犬，B：秋田柴犬（縄文柴犬），C：山陰柴犬，D：美濃柴犬．

犬）であり，3番目に近いペアが美濃柴犬と秋田柴犬（縄文柴犬）であった．一方，山陰柴犬と美濃柴犬がもっとも遠く，2番目に遠いペアは山陰柴犬と秋田柴犬（縄文柴犬）であり，3番目に遠いペアは山陰柴犬と信州柴犬であった．

（3）　系統樹解析

近隣結合法によるクラスター解析を行った結果，作成された系統樹のブートストラップ値（系統樹の枝の信頼性を表す統計値）は全体的に低かった（図 8.9）．信州柴犬と美濃柴犬と秋田柴犬（縄文柴犬）からなるクラスターが，ブートストラップ値 50 を超える値で形成され，そのほかの枝についてはブートストラップ値が 50 以下となった．柴犬 4 系統では，信州柴犬と美

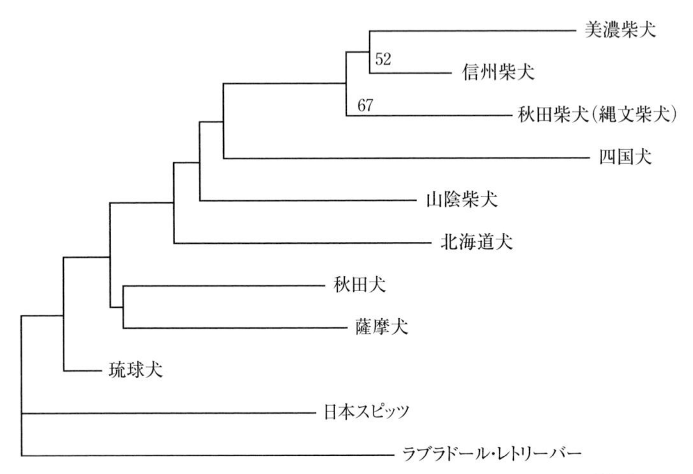

図 8.9　柴犬4系統を含む11集団のマイクロサテライト DNA 系統樹（井上-村山，2008 より改変）．

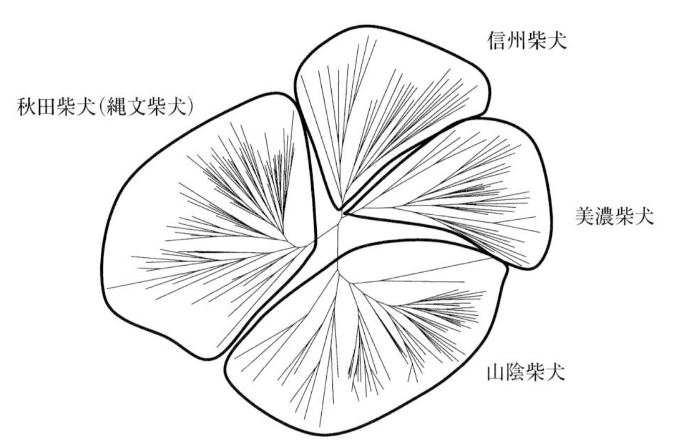

図 8.10　柴犬4系統の個体間遺伝的距離にもとづく樹状図（井上-村山ほか，2008 より改変）．

濃柴犬と秋田柴犬（縄文柴犬）とが同じクラスターを形成しているが，山陰柴犬は少し離れていた．日本在来犬のなかでは，四国犬と北海道犬が柴犬と同じグループに属し，秋田犬と薩摩犬からなるクラスター，琉球犬，日本スピッツ，ラブラドール・レトリーバーの順に柴犬との遺伝的距離が大きくなる傾向がみられた．

（4）　柴犬4系統の関係性

さらに，柴犬4系統の個体ごとの遺伝的類縁関係を調査した結果，各個体は系統ごとにまとまっていた（図8.10）．信州柴犬と美濃柴犬間は，ほかの2系統と比較して近かった．また，個体間の遺伝的差異は山陰柴犬がもっとも大きかった．

これらの結果より，柴犬4系統は犬種と同じレベルの遺伝的多様性を保持しており，犬種間と同じように遺伝的に分化していると考察された．また，柴犬4系統のうち，信州柴犬と美濃柴犬と秋田柴犬（縄文柴犬）は同一の祖先から分化し，山陰柴犬は異なる祖先から形成されたと推察された．

第II部　参考文献

［第5章］

大塚眞弘．2000．夏島貝塚の古さ．（横須賀市自然・人文博物館，編：三浦半島——自然と人文の世界）pp. 195-197．神奈川新聞社，神奈川．
加藤晋平・茂木雅博・袁靖．1992．於下貝塚発掘調査報告書．麻生町教育委員会，茨城．
慶應義塾大学・愛媛県久万高原町．2012．国内最古の埋葬犬骨（国指定遺跡・愛媛県久万高原町上黒岩岩陰遺跡出土）について調査・研究成果を発表．プレスリリース．
国土交通省九州地方整備局筑後川河川事務所ホームページ．東名遺跡について．事務所取組紹介．
小林謙一．2008．縄文時代のはじまり——愛媛県上黒岩遺跡の研究成果．六一書房，東京．
佐賀市役所教育委員会・社会教育部文化振興課．2013．東名遺跡出土の犬骨調査結果．ひがしみょう通信，第8号．
茂原信生・小野寺覚．1984．田柄貝塚出土の犬骨について．人類誌，92：187-210．
杉原荘介．1964．夏島貝塚．中央公論美術出版，東京．
西本豊宏．1994．朝日遺跡出土のイヌと動物遺体のまとめ．（石黒立人・宮腰健司・池本正明・深澤芳樹・佐藤由紀夫・永草康次・西本豊弘・森勇一・永井宏幸：朝日遺跡5．土器編　総論編）pp. 329-338．財団法人愛知県埋蔵文化財センター，愛知．

［第6章］

Asch, B. 2013. Pre-Columbian origins of Native American dog breeds, with only limited replacement by European dogs, donfirmed by mtDNA analysis. Proceedings of the Royal Society B, 280 : 20131142.

Axelsson, E. 2013. The genomic signature of dog domestication reveals adaptation to a starch-rich diet. Nature, 495 : 360-364.

Boyko, A. R. 2009. Complex population structure in African village dogs and its implications for inferring dog domestication history. Proceedings of the National Academy of Sciences of the U. S. A., 106 : 13903-13908.

Ding, Z. L. 2012. Origins of domestic dog in Southern East Asia is supported by analysis of Y-chromosome DNA. Heredity, 108 : 507-514.

Freedman, A. H. 2014. Genome sequencing highlights the dynamic early history of dogs. PLOS Genetics, 10 : e1004016.

Ho, S. Y. W. 2005. Time dependency of molecular rate estimates and systematic overestimation of recent divergence times. Molecular Biology and Evolution, 22 : 1561-1568.

Kirkness, E. F. 2003. The dog genome : survey sequencing and comparative analysis. Science, 301 : 1898-1903.

Larson, G. 2012. Rethinking dog domestication by integrating genetics, archeology, and biogeography. Proceedings of the National Academy of Sciences of the U. S. A., 109 : 8878-8883.

Lindblad-Toh, K. 2005. Genome sequence, comparative analysis and haplotype structure of the domestic dog. Nature, 438 : 803-819.

Pang, J. 2009. mtDNA data indicate a single origin for dogs south of yangtze river, less than 16, 300 years ago, from numerous wolves. Molecular Biology and Evolution, 26 : 2849-2864.

Parker, H. G. 2004. Genetic structure of the purebred domestic dog. Science, 304 : 1160-1164.

Savolainen, P. 2002. Genetic evidence for an east Asian origin of domestic dogs. Science, 298 : 1610-1613.

Shearmann, J. R. and A. N. Wilton. 2011. Origins of the domestic dog and the rich potential for gene mapping. Genetics Research International, 2011 : 1-6.

Sutter, N. B. and E. A. Ostrander. 2004. Dog star rising : the canine genetic system. Nature, 5 : 900-910.

Thalmann, O. 2013. Complete mitochondrial genomes of ancient canids suggest an European origin of domestic dogs. Science, 342 : 871-874.

Verginelli, F. 2005. Mitochondrial DNA from prehistoric canids highlights relationships between dogs and south-east European wolves. Molecular Biology and Evolution, 22 : 2541-2551.

Vila, C. 1997. Multiple and ancient origins of the domestic dog. Science, 276 : 1687-1689.

vonHoldt, B. M. 2010. Genome-wide SNP and haplotype analyses reveal a rich history underlying dog domestication. Nature, 464 : 898-903.

vonHoldt, B. M. 2011. A genome-wide perspective on the evolutionary history of enigmatic wolf-like canids. Genome Research, 21：1294–1305.

Wang, G. 2013. The genomics of selection in dogs and the parallel evolution between dogs and humans. Nature Communications, 4：1860.

Wayne, R. K. 1993. Molecular evolution of the dog family. Trends in Genetics, 9：218–224.

Wayne, R. K. 1997. Molecular systematics of the Canidae. Systematic Biology, 46：622–653.

Wayne, R. K. and E. A. Ostrander. 1999. Origin, genetic diversity, and genome structure of the domestic dog. BioEssays, 21：247–257.

Wayne, R. K. and C. Vila. 2001. Phylogeny and origin of the domestic dog. *In* (Ruvinsky, A. and J. Sampson, eds.) The Genetics of the Dog. pp.1–13. CABI Publishing, New York.

Wayne, R. K. and B. M. vonHoldt. 2012. Evolutionary genomics of dog domestication. Mammalian Genome, 23：3–18.

[第**7**章]

Ishiguro, N. 2010. Osteological and genetic analysis of the extinct Ezo wolf (*Canis lupus hattai*) from Hokkaido Island, Japan. Zoological Science, 27：320–324.

Ishiguro, N., Y. Inoshima and N. Shigehara. 2009. Mitochondrial DNA analysis of the Japanese wolf (*Canis lupus hodophilax* Temminck, 1839) and comparison with representative wolf and domestic dog haplotypes. Zoological Science, 26：765–770.

Ito, H. 2004. Allele frequency distribution of the canine dopamine receptor D_4 gene exonIII and I in 23 breeds. Journal of Veterinary Medical Science, 66：815–820.

Tsuda, K. 1997. Extensive interbreeding occurred among multiple matriarchal ancestors during the domestication of dogs：evidence from inter- and intraspecies polymorphisms in the D-loop region of mitochondrial DNA between dogs and wolves. Genes and Genetic Systems, 72：229–238.

石黒直隆．2007．イヌの分子系統進化．生物科学，58：140–147.

石黒直隆．2012．絶滅した日本のオオカミの遺伝的系統．日本獣医師会雑誌，65：225–231.

[第**8**章]

Fujise, H. 1997. Incidence of dogs possessing red blood cells with high K in Japan and east Asia. Journal of Veterinary Medical Science, 59：495–497.

Kim, K. S., Y. Tanabe, C. K. Park and J. H. Ha. 2001. Genetic variability in east Asian dogs using microsatellite loci analysis. The Journal of Heredity, 92：398–403.

Okumura, N. 1999. Variations in mitochondrial DNA of dogs isolated from archaeological sites in Japan and neighbouring islands. Anthropological Science, 107：213–228.

Okumura, N., N. Ishiguro, M. Nakano, A. Matsui and M. Sahara. 1996. Intra- and interbreed genetic variations of mitochondrial DNA major non- coding regions in Japanese native dog breeds (*Canis familiaris*). Animal Genetics, 27：397–405.

Tanabe, Y. 1991a. Biochemical-genetic relationships among Asian and European dogs and the ancestry of the Japanese native dog. Journal of Animal Breeding and Genetics, 108：455–478.

Tanabe, Y. 1991b. The origin of Japanese dogs and their association with Japanese people. Zoological Science, 8：639–651.

Tanabe, Y. 2006. Phylogenetic studies of dogs with emphasis on Japanese and Asian breeds. Proceedings of the Japan Academy, Series B, 82：375–387.

Yasue, S. 1978. Difference in form of sialic acid in red blood cell glycolipids of different breeds of dogs. The Journal of Biochemistry, 83：1101–1107.

井上-村山美穂．2008．DNAマーカーによる柴犬3内種間の遺伝的分化と類縁関係．柴犬研究，135：10–12.

牧拓也．2008．マイクロサテライトマーカーによる柴犬3内種の遺伝的多様性と類縁関係．動物遺伝育種研究，36：97–106.

III 日本犬と生きる

黒井眞器

「豊葦原の瑞穂の国」，その国は神意によって稲が豊かに実り，栄えてきたという．四季折々の食べものに恵まれ，豊かな自然に抱かれた大地と謳われた日本の国土に，そのはるか昔からこの島に住みついていた人々がいた．日本の有史以前の神話の時代をさらにさかのぼっての昔，南の海を越えてこの島国に渡ってきた人々である．小ぶりで身軽なヒトであったと想像される．ヒトと一緒に小ぶりのイヌも，木をくり抜いた小舟に乗ってきたのかもしれない．このヒトとイヌが私たち日本人と日本犬の祖先である．

日本人と日本犬の文字を見比べると，1 文字，しかもわずか 2 画の違いで，字の形からもとても密接な感じを受ける．漢字の「犬」は象形文字で，イヌが横たわった形だという．細長い島の南の端に上陸した人々は，イヌとともに住みよい土地を求めて移動しながらその数を増していった．そのころの人々の姿や生き方，イヌたちの生活こそが，筆者の脳裡に湧いてくる今の日本人と日本犬のご先祖様たちである．そのヒトとイヌは体格も小ぶりであったはず．体重は軽く，知能の高いヒトとイヌであった．内陸の山はきびしく，海が迫り，狭い土地で生きていくには小さい身体のほうが有利であったか．野山で小動物をとらえ，海岸では貝を拾う．共同で生活を営むイヌもまた小さめが好都合であったであろう．日本人の祖先と日本犬の祖先は，狩猟・採集の共同生活者であったと想像できる．イヌのみつけたものをヒトがもらい，ヒトがみつけたものをイヌがもらった．両者の間柄は，主従ではなくつねに対等，そんな関係であったと思われる．

9 イヌ人生

歳月とは過ぎてみれば早いもので，筆者も生まれ落ちてから89年をここに過ごしてきている．しかも同じ住居のなかで．さらに，そのほとんどの歳月に「犬」，とくに「日本犬」――そのなかでも「柴犬」とよばれる小型犬――が身辺にあったことは，周辺からみれば特殊であるかもしれない．そして，筆者の名の1文字「器」という字には口が4つ，その中心に置かれているのが犬という字ではないか．これは最近になってやっと気づいたことなのである．「4つの口はなにとなに？」と聞かれれば，やおら考えつつ答えて音楽，短歌，信仰，日常生活，まんなかには「犬」が居座っているではないか．こんなくだらない現実から自分の人生とイヌとのつながりを見直して，そのためにも今回の執筆を「分不相応ながらお受けしてしまった」ということ．このことが人生の最終段階での総仕上げのお仕事と思い，今そのステップを踏み出そうとして筆を手にしたところである．

9.1 初めてのイヌ飼育

かの関東大震災が大正12（1923）年9月1日に起こり，東京の中心部は焼土化し，周辺の郊外へと移住が始まった．同じころ，東京世田谷の奥沢地区に海軍の中堅将校の住宅が建てられ，海軍村とよばれるようになった．その草分けの時期に建った住居の1つを90年後の今も引きついで筆者が使用している．土地の整備も一段落したところで，住人の一人であった筆者の親が飼育しようと考えたのは日本犬の中型であった．このことは昭和の初頭，斎藤弘吉氏らによる日本犬保存運動が活発になってきていたことと，日本の国威を掲げた日本全体の雰囲気も背景にあったのでは……と考えられる．そして訪ねたのは東京の中心部，日本橋に大きい店をかまえていたワシントン・ケンネルであった．子どもの筆者には値段はまったく覚えがないが，そこで購入した濃い茶色の毛皮の子犬，それをどうやって家まで持ち帰ったのか．もちろん自家用車はなかったし，電車に乗せることが許されていたかどうか．とするとタクシーで連れてきたのだったか．ぜんぜん覚えていない．わが家に到着したかわいい子犬にクマと名づけ，ごはんに味噌汁，魚などを与えて楽しんでいたが，急に弱って死んでしまった．しばらく後に同じワシントン・ケンネルを訪ねて，新しい子犬を購入しても，やはり1カ月保たずに死んでしまった．獣医さんは，この病気はジステンパーという子犬は必ずかかってしまう病気なのだ，ととても気の毒がってくださって，遺体を引き取ってくださったのを記憶している．

その後，子犬はむずかしいからと，成犬に近くなったオスの柴犬を勧められた．それが筆者にとっての柴犬第1号「マル」である．マルは子犬から飼ったのではないので，幼犬の楽しさを実感する年ごろを卒業していたイヌであった．それでも一緒の時間を楽しく過ごした．そして当時，多くのイヌは放し飼いであった．イヌは鎖でつながなくとも自然と飼い主と結ばれ，仕切りがなくとも自然と自分の家を決めていたのである．

9.2　イヌに魅せられて

少なくとも昭和一桁の80年前までは，都心といえど，イヌは自由に放し飼いで，どこへでも行ってしまえる環境であった．それでもマルは，ここをすみかと心得て家から遠くへは行くこともなく，よい番犬を務めていたと思う．マルは，やがて背中に皮膚病が発症し，背骨に沿って毛が抜けてしまった．かゆいので，庭の枝折り戸の扉の下をくぐるようにして往復させては背中をかいていた．今もその姿が目に浮かぶ．イヌなりに考えてとった有効な行動であった．シャンプーをしたり薬を塗ったりしていたが，完治することはなかった．

そのころ有名になった忠犬「ハチ公」……そっくりのイヌを，学校の帰り道に大塚の犬屋さんでみつけ，ときどき立ち寄って見ていた．どうしてもほしくなって，親に頼んで，小型番犬1匹ではと，買ってもらった．「紀州犬です」といわれて当時60円支払ったのを記憶している．黒い太い首輪を締めて，堂々としてみえた．マルとハチ（と名づけた）は大きさもぐんと差があるので，けんかにもならずに平和に時が過ぎていくが，その外では対照的に，戦争好きの日本がアジアのどこそこで国威発揚を誇示していたという時代であった．イヌはやはり放し飼い．あるときハチは，夜になっても帰宅しなかった．それから何週間も……．黒い牛革に金属の飾りのついた太い首輪，その一部に父が住所と名前を彫り込んでいた．そしてそれによって連絡があった．数 km 離れた丘の向こうのお宅からハガキをいただいたのであった．大喜びで引き取りに行って，その後はなるべく鎖でつないで飼うようにしていた．ハチは何日間もどこでなにを食べてどう過ごしていたのだろうと，ときどき家族で話し合っていた．

当時イヌの食事は，米飯に味噌汁などをかけて魚の頭や骨をのせてあるもので，古い鍋などが食器であったと記憶している．

そして，あのいまわしい戦争が始まる前に，マルもハチも天寿を全うして昇天した．当時のイヌの寿命は8歳前後であったと思う．イヌの墓地に納めたとの獣医さんのお話で，板橋の外れのほうまで訪ねてみた．樹蔭のような広い一画に木の墓標が立っているところをめぐってみたものの，マルとハチの墓標の識別は困難であった．あれは動物霊園の草分けであったと思う．今はどのようなビルが建ち並んでいるだろうか，土地柄も変わっているだろうかと，筆者のなかで最初に過ごしたイヌたちの思い出とともに，ときどきなつかしく思い浮かべることもある．

9.3 戦火のなかで

日本は軍国主義が高まり，国民は出征兵士を送ったり慰問袋をつくったりと，緊張の道を歩み続けた．筆者自身は女学校受験と合格後の日々は学校生活に心を奪われる毎日であった．当時，父の知人がアイヌ犬といって連れてきた赤毛のオスと黒毛のメスの兄妹犬が，新しいイヌとしてわが家にいることになった．「富士」と「久萬」と名づけたが，その血筋などはなく，はたしてどの程度のイヌであったかは不明である．それでも家族にとっては日常の大切な番犬であった．そして，戦時下緊迫した空気のなか，ある日，イヌの飼育について町会から通達があった様子で，夕方学校から帰宅すると，2頭のイヌは獣医さんに預けられたということでいなくなっていた．なにか重苦しい雰囲気のなか，それ以上詮索するのは違反行為のような感じで過ぎていった日々であった．武器のための金属供出の指示のように，毛皮供出の指示もあった時勢で，あるいはその国策に沿ったのかもしれないと思っても，口にすることもできない時代であった．

戦争はきびしい方向へ進んでいき，ついにわが家にも焼夷弾が命中した．2階の天井が燃え広がるのをやっと消し止めることができたが，これは退役軍人であった父が屋根へ上がって，“火叩き”で上から消火して火の拡大を止めたからである．隣家など数軒の全焼家屋があったなかで，おかげでわが家は焼け残って現在まで住み続けることができている．焼夷弾で焦げた階段の2枚の板の焼け跡がちょうどイヌの横顔の形になっていて，今も毎日そこを昇り降りしていることを不思議なイヌの縁と思っている．

東京への空襲は，昭和20（1945）年5月25日のこの夜が最終で，その後の空襲は地方都市に向けられ，ついに広島・長崎の惨事．そして終戦となり，玉音放送を聞いた．茫然自失の父親の傍らで，筆者にとっても信じがたい敗戦であったが，心の底では安堵した記憶がある．

戦時中，イヌを飼えなくなったので，ネコを1匹，親戚の者がもってきてくれて飼っていたが，ネコは空襲と火事の現場を嫌ったのか，姿がみえなくなり，それきり戻ってこなかった．筆者のネコ飼育はこれが最初で最後であるが，イヌとネコの本性の違いを感じたと思っている．

敗戦後の日本の社会情勢の移り変わりは，じつに惨憺たるものがあり，めまぐるしい状況が続いていたことで，都会でのイヌの飼育は困難であった．食糧事情もきびしかった．筆者も学校生活そのほかきびしい状況が続いたので，イヌとのつながりはしばらく途絶えた．

9.4 柴犬との再会

娘が2歳を過ぎるころ，近所で飼われていた雑種の子犬，ノンちゃんを娘とともに毎日散歩させるようになった．ノンちゃんが大きくなって成犬になると，引っ張られて危なくなってきたので，やはりこれはと，子犬の飼育を考え始めた．偶然にも新しく開店した近くのペットショップでメスの柴犬をみつけた．1歳近くなっているイヌで，JKC（ジャパンケネルクラブ）の血統書つきで「15000円」，このくらいなら……，と購入したのが「エミ」（一姫号）であった．

しばらくして天然記念物柴犬保存会（略称「柴保」）の存在を知り，エミを連れ，会長をされている中城龍雄先生を杉並区梅里に訪ねた．先生は，「このイヌは自分の考えている柴犬とは多少違うけれども，子犬を生ませてみたら」といわれた．その後，年賀ハガキをいただいて「作出はどうなっていますか」とも書いてあった．エミは近所では評判のよいイヌだったので，近くの柴犬のオスイヌのチッパーくんのところへ連れていってみたが，交配は成功しなかった．

数年の後，柴保のイヌを中城先生から頒けていただいて，もう1匹の柴犬を飼育することになった．そのイヌの呼び名は，しりとり式の命名でエミに次いでミカとした．そして，ミカ（中村の赤姫号）の優れた性能が筆者を柴保にしばりつけた．これを機に柴犬の作出にも力を注ぐようになって，現在に至っている．思い返せば，すでに40年以上も柴犬の飼育と作出にかかわってきたことになる．

第二次世界大戦敗戦後の日本は急変し，米国の文化が国民の日常生活のなかに流れ込んできた．駐留米軍とその家族たちによる米国式の生活は，イヌの飼育にもたちまち輸入された．ドッグフードの一般化はイヌを飼いやすくするのに大きく役立ち，また，イヌを訓練することにより，人間生活との調和を図ることも常識化した．その米国式のイヌの飼育の流れの続きのままの現在がある．また，昔と違い，イヌを放し飼いにすることは許されない．ジステンパーやフィラリアの予防もいきわたり長命になっているが，一方で人間並みにがんや生活習慣病も増えていると聞く．

欧米犬が米国文化とともに輸入され，日常生活のなかに浸透してくると，日本犬の本来の生活は忘れられがちとなり，しだいに日本人の脳内で薄らいできていると感じる．致し方ない時流であろう．そのようななかで，日本犬の本来の持ち味を大切に残していきたい，ということが本書の真意と筆者は受けとめている．日本犬らしさを活かす飼育は，やはり「自然のなかで生きていけるイヌ」を守り育てることだと思う．イヌがイヌに教え，ヒトがイヌから教えられる，本来そうであるべき，ヒトとイヌの関係，それが日本犬からみえる気がする．この日本犬の能力に関しては，次章で書いてみたいと思っている．

10 日本犬の飼育

家庭でイヌを飼うきっかけはさまざまである．一番多いのは，ある程度の年齢まで育った子どもたちの「イヌがほしい」という要望による場合かもしれない．これは人間の成長段階で，自分より弱く幼いものの面倒をみたい，すなわち「愛」の心の発現である．親が犬嫌いである場合を除いて，ほとんどの場合，この要望は通ることが多いが，残念なことに，近年の都会の住宅事情では容易に「ウン」といいかねる場合もある．動く玩具やぬいぐるみ，最近ではバーチャルペットでがまんさせられる子どもも少なくない．昔は逆で，どの家にも庭があり，イヌはたいてい自由な放し飼い，それでも餌を与えてくれる飼い主のために番犬を務め，子どもの遊び相手も務めていた．

10.1 子犬期——日本犬としての処世術を身につける

子犬を飼育する相談が家族の間でまとまったとして，あるいは子犬はなにかの偶然で突然に手元にきてしまう場合もあるが，どこから子犬を手に入れるか，がつぎの課題である．子犬は知人の家からもらわれてきたり，通りがかりのペットショップを眺めているうちに，ある子犬と目が合って心が動いて買ってきてしまったり，また厳正な意向の下に繁殖されて，おそれ多いほどの血筋が証明されていたり，とその由来はさまざまである．けれどイヌという動物であるから，その成長する段階はみなほぼ一様である．飼い主に大切なことは，母犬に代わる愛情である．その愛情の注ぎ方には，すなわち「飼育者の知恵」と「愛情」と「イヌに対する理解力」が大切となる．

日本犬に携わる場合，子犬は母犬のもとにできれば生後３カ月，少なくとも2カ月までは置くのが理想とされている．健康上の問題はもちろんであるが，精神発達と情緒育成のゆえに，である．母乳をたっぷり飲んだり，母犬に排泄の面倒をみてもらったり，兄弟犬で遊び争うこと，のすべてがわずか3カ月の間に凝縮されていて，この3カ月の過ごし方が子犬のその後の発達に大きく影響するからである．ほかのイヌと，イヌとしてのつき合い方を知った子犬は，長じて，ヒトとの間柄でも知らず知らず良識を身につけていく．子犬どうしの関係における体験は，ヒトとの間柄においても活かされてくる．「礼節を知る」――そういう経験を得ることができる．

ときには母性愛の強い飼い主さんで，生後1カ月足らずの子犬を引き取って，ミルクを哺乳器で飲ませて満足感を味わうこともあると聞くが，よほどの事情が発生すればやむをえないとしても，それは子犬にとっても人間にとっても不完全発達を招きかねない．きわめて慎重を要することである．できる限り，自然にしたがうべきである．

20年近くも昔の話になるが，クリスマス間近なある冬の朝，散歩の途中で，道端に置かれた某高級ホテルの紙袋のなかから，かすかな鳴き声に気づいたのはオスイヌのタアくんであった．生まれたばかりで捨てられた4頭の子犬が声の主で，すぐに抱えて家に戻った．残念ながら2頭はすでに息絶えていたが，動きのあったメス2頭にミルクを脱脂綿に含ませて与えてみると，必死にしゃぶりつく子犬……．それではと，子犬用ミルクを2時間おきに哺乳，排泄の世話もしたが，これがしばらく続くのはたいへんだと案じ始めたころ，夜になって8歳のメスイヌ（リラ，中の桜女号）が鳴き叫んで子犬に駆け寄り，抱きかかえて温め始めた．リラは排泄の世話をし，子犬は乳房を探したものの，はたして母乳が出たかどうか．しかし，不思議なことに，数時間後には母乳がある程度出るようになっていた．乳母を買って出たリラは過去に数回の出産経験をもつベテランママだったので，すっかり母犬に成り代わってしまった．子犬は安心しておとなしく眠るようになった．みごとな乳母犬への変身ぶり，「イヌにはイヌよ！」と，誇らしげであった．母犬の力はすごい．その後，50日齢まで育てられて，子犬はそれぞれ新しい家にもらわれていった．

本題に戻るが，子犬を飼うにあたり，先述のように3カ月近くまで母犬のもとで過ごした場合は，イヌなりの処世術を体得している場合が多いので，育てやすいことは確かである．筆者の体験でも，生後3カ月まで母犬のもとに過ごした子犬は，社会性も身につけていて，その後の成長段階において，どんな側面でも飼いやすい子犬になっていく．成犬になってからもそれは予想以上の効果を感じた．イヌにとっても人間にとっても，たいへん幸いなことである．しかし，「飼うなら少しでも早く，小さいときから」と考えるのが飼い主の自然の情である．とすれば，少なくとも50-60日は母犬のもとで過ごさせることをお勧めする．引き取りの場合に，親元での生活状況をみせていただくことができれば最高である．遠隔の土地であったり，店頭で入手する場合にはそれは望めないことではあるが……．作出者としては，その犬種に関しての飼育ガイドなどを子犬と一緒にお渡しできるとよい．別添のものは，柴犬についての子犬の飼育方法ではあるが，日本犬全体にも共通する面を含んでいるので，参考例として掲載する（資料1）．

生後2カ月に満たない子犬の場合，生活環境の急変は心身ともに負担が大きいので，冬の寒い時期と夏の猛暑の時期にはとくに気配りが必要である．新しい飼い主による生活環境の急変を和らげる配慮が，子犬のその後の性格形成にも影響する場合もある．日本犬は心の面でのケアに配慮することがイヌの成長に深くかかわってくる，そういう犬種である．

4カ月齢を過ぎるころに乳歯が抜けて，入れ代わって生えてくる歯はイヌの生涯をともにする永久歯である．人間でいえば5-10歳のころに相当する．この時期が真夏の薄着のころにあたると飼い主はたいへんである．歯がかゆいのか，噛めば早く抜けるという本能か，鋭い歯で噛まれ，同時にすり減りにくい前肢の蹴爪でもひっかかれ，「腕も足も傷だらけ，電車に乗るのがはずかしい」と多くの飼育者の苦難と懐古の物語が生まれるほどである．

そのような時期も2カ月ほどで，いつのまにか過ぎ去って，忘れられていくが，子犬にとっても飼い主にとっても明るく楽しい時期でもある．動くものはなんでも大好き．残念ながら，子犬どうしで遊ぶ機会が得られない場合は，人間がお相手を仕るほかはない．とくに狩猟犬の基礎訓練ともなる遊びはたいへん貴重で，この時期の遊びが生涯にわたって影響を与える．先輩犬の力は大きい．

10.2 性成熟期を経て成犬に

メスは8カ月から10カ月で発情期を迎え，オスは10カ月から1歳で交配可能に成長する例が多いとはいえ，個体差も著しい．これはあくまでも規準例である．まだまだ子犬と思っていたメスイヌが8カ月齢のころに第1回目の発情期に入ることが多い．それでも交尾して出産，立派に育児の責務を果たしてみせる姿には感服する．「本能」を発揮するとは，まさにこのことなのである．だれにも教えてもらわない，もちろん本を読むこともなく子育てする姿は，驚くべき技と感心するばかりである．

初産の場合，庭を走っていて産み落とした例や，出産した様子があるのに子犬がいない，探すと，庭の物置小屋の下にいつのまにか穴が掘ってあり，そこに子犬がいた……という例もあるから，“念には念を入れて”の言葉どおりの想像力をもって，出産の手助けをする気配りが肝要である．

出産予定日が近くなったら，母犬の行動を注意して観察している必要がある．出産は交配した日から数えて60日前後である．準備するのは，広めの犬舎に藁または新聞紙を細長く切ったものをたくさん入れておくことである．

さて，オスイヌの成長はどのようであろうか．子犬時代，年長のオスイヌを慕って遊んでもらっていた子犬が，8カ月のころになると脚を上げて排尿をするようになると，これはオスのなわばりの主張であるから，先輩のオスイヌはおもしろくない．今のうちに押さえておこうと権威を示すので，けんかが勃発する．勝負がつけば順位はそこで決まってしまい，しばらくは安定した上下関係となる．たがいに傷つかぬためには，囲いを別にするなど，円満な方法を講じる必要が生じる．

いったん決まったオスイヌの順位は，当分の間変更がないのは野生動物に共通した一種のルールでもある．オスイヌは1歳前後でも交配可能とはいえ，成長はまだ続く．1歳5カ月ごろが身体の生育の頂点で，ほぼ完了か．腸の生育のせいか，そのころに糞の太さが立派になるようである．遊び方も子犬時代より落ち着いてくる．その後は3歳，5歳，7歳と精神面の成長がさらに続いて，落ち着きと風格がにじむように少しずつ変わっていく．9歳ともなれば，すでに老犬の域に踏み入ることになる．メスイヌ仲間での順位はオスほどきびしくはないが，メスどうしの間でも順位をつける傾向があり，場合によってオス仲間より烈しい争いになっていく例がある．一瞬の戦いで歯を抜かれたイヌの例もあった．またメスはオスに比べて，順位の安定が悪く，いつまでもあれこれと小競り合いが続くこともある．多頭飼育の場合では，状況を深く観察しながらの配慮が重要なポイントになる．

余談になるが，人間に厄年があるように，イヌにも厄年があるのかもしれない．それは，8歳，10歳，12歳．この年齢と，高齢になったときの誕生日の前後2週間から1カ月は，体調を崩しやすいように思う．

10.3　狩猟犬としての日本犬

現代の社会では，日本犬とよばれるイヌはそのほとんどの場合，家庭犬・番犬の役割を担っている．一般家庭の家族の一員となって，バランスのよい食事を与えられ，雨風を避けて過ごせる犬舎にいるか，または家族とともに室内でだれかの足元などに伏せていたりする．運動は引き綱でつねに飼い主とつながっていて，歩きよい道を，天候のよい朝夕に散歩する．

日本人の社会が現代のように近代化の生活で終始している時代に入るより昔は，日本のイヌたちの多くは山や川に野に，ときには海にヒトとともに移動して，中小の動物を捕らえる手伝いをしていた．自由に移動し，探索することが許されていた．歩きまわりながら捕らえる獲物の一部がイヌたちのごちそうでもあった．クマには大型犬を，シカやイノシシには中型犬を，ヤマドリやウサギには小型犬を，と狙う獲物の大・中・小により，日本のイヌたちも大・中・小に分かれて育成され，大きさに差が生まれたと考えられる．

数頭のイヌのチームワークで大型獣の狩りの成功を確実にすることも，より進んだ方法であり，そのような狩りのチームワークをとくに訓練をするわけでもなく，イヌたち自らが集団行動をとるようになったということは本能ともいえる．なにも教えないイヌが自然と身につけていく様子は，まさに神秘的というほかない．獣猟でも鳥猟でも，日本犬は並外れて優れた聴覚と嗅覚によって，ヒトよりもはるかに素早く獲物の存在を感知する．それにより飼い主は武器を用いて仕留める．そこではヒトとイヌとの優劣はなく，対等の共同作業である．仕留めた獲物のタンパク源で一杯になった消化器，それにふさわしい草木を，イヌはその優れた嗅覚で選択して食べてみせて，ヒト

図 10.1　柴犬の子犬．左：土佐の雪王（陽和荘），生後68日，右：葵の黒蜜姫（伽羅），生後45日．

に教えてくれたのであろうと，想像している．筆をもつだけの筆者も，大昔の山へイヌと一緒に入っていってみたくなってしまう．

柴犬を連れて猟に出る一人，T氏に問うてみたところ，驚くようなことを聞かせてもらった．「猟の訓練といっても特別に教えることはない．子犬時代に山へ遊びに連れていって，そのときの遊び方，動き方を見ていると，将来その子犬が猟に向くかそれほどでもないかがわかる」という返事であった（図10.1）．また，「先輩犬と一緒に連れていくと，先輩を見習って猟の技を覚えるのはとても早い」と．つまり，日本犬にとって猟は遊びで始まり，しだいに身につけ，生活のために手に入れた手段であると考えられる．地を響かせないで歩くことの可能な蹠のつくり，足腰のバネによるジャンプ力，鋭い歯と噛む吻の力，人間にないものをいろいろもち，しかも仲間の人間に配慮する性格を古来より備えもっているのであろう．

「日本犬とは日本の中山間地の気候風土を遺伝子に染み込ませた……そんな歴史を背負ってきている『犬』だから」これは日夜，柴犬とともに信州の山中で生活する動物写真家M氏の吐息にも似た言葉である．

狩猟が趣味のもう一人のTさんは，朝晩の散歩はもちろん，週末には先輩犬と一緒に山に入る．遊びを兼ね十分に運動させておき，いざ猟期に入れば，「遊びで鍛えたその素早い動きがヤマドリ・シカ・イノシシを追い出してくれることは驚きである」との柴犬評であった．飼い主との信頼関係による成果というほかに，適切な表現はみつけがたい．

この両者の間柄は，家庭犬である部分にも根源は同じである．彼らは飼い主の日常のすべてを並外れた感覚を用いて観察している．じっと眺め，耳をすませて，飼い主はなにをしようとしているかを感知する．大きな声で叱ることもほとんどないくらいに，よくこちらをみていてくれる．飼い主の意向を理解して，それを尊重し，優先して行動しようと努めている様子が伝わってくるのはありがたく，心が温まる思いである．

狩猟犬として立派に役立つには，聴覚・嗅覚・体型・歩様などすべての条件がそろっていることが肝心である．そのなかで柴犬の聴覚について，とくに感銘を受けた一例を記す．以前，わが家の一角に優れたピアニストが住んでおられた．その方は当然毎日練習をなさる．その初めに各調の音階を弾かれる．生徒さんがみえると，レッスンの始まる前に音階を弾く．そのとき，わが家のオスイヌは，先生が弾いているときは気持ちよさそうに一緒に遠吠えをするが，生徒さんのときには，必ずしばらくの間烈しく吠えるのであった．それは，どうしても「音色が違う」といっている吠え方なのである．われわれ人間にはほぼ同じように聞こえていても，鋭い聴覚のイヌには違う音なのであろうといつも話し合った．また，わが家の娘が中学生のころ，ヴァイオリンを習っていて練習をした．同じ曲を別の子どもさんが弾いたテープをまわすと，家のイヌは「違う」とでもいうように吠えるのであった．吠えないイヌにはわからなかったとはいえない．わかっても文句をいわなかっただけであろうか，あるいは吠えているイヌに任せようと考えたか．長い歳月を経ても忘れることのできない現象であった．このような聴覚を狩りにも役立てているのであろう．

11
日本犬の由来

麻布大学におられた田名部雄一先生によると，世界中で飼われているすべてのイヌは3万年から1万5000年前に東アジアに生息していた大陸オオカミから家畜化され，ヒトの移動にともなって，世界各地に広がったという．オオカミのなかでヒトと融和しやすい性格のものを身辺に置くことで，農耕生活を始める以前の人々は狩猟採取の手助けに，また猛獣からの護衛として役立たせていただろう．人々の残飯の処理にもあたってもらうことも含めて，長い期間を経てイヌとヒトとは相互によい関係を築いていった．このように，野生のオオカミの一部はイヌという家畜に変化した．

11.1　大陸から日本人とともに

地球儀をみていると，陸地のほぼ3分の1近い面積にあたるかと思われるユーラシア大陸があり，その東側の日本海を隔て，細長く日本列島が弓形に並んでいる．大陸の東端に沿い，シベリア大陸と樺太はとくに大陸に接近しているから，大陸のオオカミの日本列島への移動は可能であり，また大陸内を南下したオオカミは，イヌに変化しながら，ある時期に小舟をこぐヒトとともに日本列島の南方の島に，海を渡って移動してきた．そして人々とともに生活しながら島づたいに北上しつつ，姿と資質も整えてきたのであろうかと，その様子などが脳裡に浮かび上がってくる．その経緯は数万年にもおよぶであろうし，イヌの進化の歴史のみならず，ヒトを含めた生物全般の歴史を探ることにつながる幅の広い学問となる．

中国大陸を南下したヒトとイヌが，東南アジアから海を越えて，島づたいに移動し，台湾・沖縄を経て北上，日本列島へと移り住んだ．さらに北上を続け，北海道にまで達したと考えられる．その過程には長い歳月を要したであろう．その間に立耳・巻尾または差尾の日本犬の姿も，自然に合わせてできあがっていったものと考えられる．

現在，日本国内でもっとも古いヒトとイヌの関係を示す埋葬跡の遺跡とされているのは，愛媛県上黒岩洞穴内に約7000年前に埋葬されていた犬骨である．家族同様に扱われていたことを示すかのように，大切に主人に寄り添うようにしてイヌが埋葬されたものである．各地の縄文時代の遺跡には，狩りで負傷したイヌの骨折を手当てしたことを示す犬骨も発見され，縄文時代にイヌが家族として扱われていた様子が浮かび上がる．

時代が移って弥生時代．朝鮮半島経由で渡来した弥生時代の人たちの遺跡には，食糧用にされたと思われるイヌの骨が，残飯のように捨てられた状態で発見されている．農耕で食糧を確保できるようになった弥生人にとって，イヌは狩りの手伝いよりも食糧としての生きものになったのかもしれない．

その後，日本では中国大陸から文明を携えて渡来した人たちにより文字が用いられるようになり，布や紙に書き残す文化が始まる．イヌも絵によってその形を残している．しかし，このような文化の推移をよそに，日本列島という海で囲まれている土地柄か，地域それぞれの独自のイヌが，長い間，交雑から無縁のまま，形を変えることなくヒトと共生を続けていた．山あり，川あり，海あり，さらに四季折々の変化に富む列島内で，1万年余の歳月にわたり，ヒトとイヌはたがいによい関係を保ち続けながら，移動や交流をさほど必要とせずに生活することが可能であった．とくに日本人はイヌと対等に接して生活してきた民族である．それは出土する埴輪や土器に刻まれている図柄からも推察されるし，また，日本人という比較的小柄な人たちの生活にとって，イヌは「狩猟採集」のよい仲間どうしであったことからも推察される．各地域のヒトの生活に応じた長所をもつイヌを選んで愛育したことで，各種の地域性が生じ，大型・中型・小型などという日本犬種が誕生した．クマと対峙するには，勇猛な性格の北海道犬や大型の秋田犬が，イノシシやシカの狩りにはやや身軽でバネの強い中型犬が，鳥や小動物には小型犬が……と分かれたのも，ごく自然のなりゆきであっただろう．

さらに下って大型船が建造され，大陸間を自由に移動できる時代に入ると，中国はもとよりヨーロッパからも人々は日本へと渡来し，それぞれの文明を届けるようになった．16世紀後半にあたる安土桃山時代の絵画には，渡来した南蛮人が飼い犬を連れているものが数多くある．彼らは飼い犬には首輪をつけ，ひもでつないで飼養していたので，日本の在来犬と交雑するに至らなかった．当時の日本ではイヌは放し飼いであったから，ひもでつながれているイヌはめずらしがられたようである．そのようにめずらしいイヌたちが増えてきても，日本犬は各地でそれぞれの姿形を変えることなく受け継がれ，人々と共生していた．縄文時代の遺跡から出土する犬骨の出土品がイヌとヒトの歴史を知るすべてである．その遺跡からはオオカミに似た姿形のイヌの骨がみつかっている．つまり，日本人はイヌとともに日本列島に渡来して以来，海外との交流が始まっても，ともに渡ってきた当初の日本犬の姿形を大切に残してきたのだ．そして，この21世紀にまで，変わることなくその姿を引き継いでいる．

11.2 日本犬の保存に向けて

それでもしだいに大陸との交流がさかんになると，都市部の犬文化は変化した．中国や朝鮮からの渡来人により，先住の日本犬のほかに大型犬や，ペキニーズ系の小型犬も渡来し，小さく愛くるしい姿は上流社会の婦人の間でもてはやされ，愛玩犬として日本独特の歴史をもつようになった．これが狆にあたる．室町時代に入ると，ポルトガル・スペインなどの西欧文明がヒトとともに大型船で渡来，その来訪にはイヌも同行し，海外のイヌもちらほらと見受けられるようになった．江戸時代に200年以上続いた鎖国を解き，文明開化となった明治以後は，西欧文明を高く認める風潮が押し寄せた．世界各地で独特の変化を遂げたイヌたちがヒトとともに到来し，イヌも欧米犬種が貴重とされる流れが生まれた．外国との交流のある大きな港町には，本来の姿の日本犬をみることがしだいにまれとなる．海外からのイヌたちは，それぞれ長毛あり短毛あり，毛色は黒白茶と「それらの混ざり」または「ぶち」，尾は多くは垂尾あり巻尾あり，などなど，行動も外見も個性十分なイヌたちであった．世の荒波を駆け抜けてきたイヌたちの末裔とあらば，雑種は丈夫，雑種は賢い，いつしかこのような評判がいきわたり，純粋種の日本犬を巷にみることが少なくなりつつあった．文明開化の世の町を闊歩するイヌはほとんどが交雑犬で，僻地，または山間部にのみ，日本犬本来の姿をみることができる状況であった．

この現実を心底より憂いて日本犬保存運動に力を注いだのは，東京美術学校出身の斎藤弘吉氏であった．氏は美術家であったから，日本在来犬の姿・性格に「美」を感じ取られ，その審美眼に訴えた「日本犬の本来の姿」を護るべく，「日本犬保存運動」を声高く推進された．斎藤弘吉氏と志を同じくする，イヌをこよなく愛し，日本犬を大事にされていた多くの学者・知識人・日本犬愛好家が，消えゆく日本犬の状況を黙認されずに，日本文化の一端として日本犬保存の活動を継続された．昭和初期には日本犬の飼育に大きな転機が訪れ，昭和3（1928）年，ついに斎藤弘吉氏を初代会長とする日本犬保存会の設立となった．日本犬保存会発足にあたり，日本犬保存会の使命は「本会は我国在来犬種の総合文化団体である」と冒頭に述べて，「一．趣味の普及　二．使役の開拓　三．統制ある系統的繁殖指導の実施　四．各地山間優秀犬系の保護　五．犬属学術研究の発達等一切を包合する」と述べておられる．さらに，「中でも第一の主使命たるは繁殖指導の確立である」と明言されている．以来，日本犬の保存は1世紀に近い歴史をもつ．斎藤弘吉氏の同志として運動に力を尽くされた方々の御名を順不同にて後掲するが，これはその一部の方々の名を列ねるにすぎない．

斎藤弘吉　渡瀬庄三郎　長谷部言人　鏑木外岐雄　京野兵右衛門　市川純彦　平岩米吉　小杉眞一　板垣四郎　直良信夫　内田亨　犬飼哲夫　森為三　井上欣一　尾崎益三　中城龍雄，ほか（順不同）

このような多くの研究者や協力者の努力の甲斐あり，古来の日本犬を礎とするイヌの繁殖や保存の現状は探究され，山間部に見出された血統不詳のイヌにも，その容姿・性能に純粋性を認めうれば基礎犬とし，系統繁殖が始められた．文部省は大正8（1919）年に「史跡名勝天然記念物保存法」を制定しており，日本犬保存運動の高まりに呼応して，「日本犬」を日本特有の動物として保存する必要ありと認め，日本犬を国の天然記念物に指定し，それは下記の順で発表された．

大型（秋田犬） 昭和6年7月
中型 甲斐犬 昭和9年1月（中型と小型の中間）
紀州犬 昭和9年5月
越の犬 昭和9年12月（昭和40年代に絶滅）
小型 柴犬 昭和11年12月
中型 土佐犬（四国犬） 昭和12年6月（土佐闘犬は交雑種であるから含まれない）
北海道犬 昭和12年12月

日本犬保存会は，昭和7（1932）年11月6日に銀座松屋屋上で第1回展を実施した．そこには40頭の日本犬（秋田犬3頭，甲斐犬17頭，そのほか20頭）が参集した．あわせて日本犬保存会では昭和9（1934）年9月に日本犬標準を作成し，その詳細を発表した（資料2）．

昭和の初頭ごろは，日本国にとって世界にその国威を示す時期であった．時にふさわしく，日本犬保存運動に協力した方々の数は，政界・学界・財界を含めてきわめて多数にのぼった．日本犬の各種が「日本の天然記念物」に指定されたことは時の流れではあったにしても，日本文化の礎として殊に重要な事柄であった．もしこの機を逃していたならば，第二次世界大戦敗戦後の日本の立場として，日本犬の保存運動は興すことがなかったか，あったとしてもたいへん遅れて，取り返しのつかないことになっていたかもしれない，と今にして思う．斎藤弘吉氏をはじめとする著名な方々の恩恵なくして，日本犬の存続はむずかしかったであろう．

第二次世界大戦のさなか，空襲の繰り返される東京で，日本犬保存会の犬籍簿を肌身離さず空襲被害から護り続けたのは中城龍雄氏であった．彼も絵心のある人であったから，日本犬の美しさを護ろうと心に深く思いつめていた一人であった．戦時下，食糧難の時代にイヌは毛皮供出の対象とされた．来宅した憲兵隊員に向かって，「日本犬は日本文化の宝です．家族の食を分けて与え護ります」と答えたところ，憲兵は理解を示し，「しっかりやってください」といって引き揚げていったという．この逸話は後年，『家庭画報』にも紹介された（図11.1）．斎藤弘吉氏や中城龍雄氏などの思いが通じたのか，戦中戦後の荒廃下にあって，「日本の犬」を大切に護り続けた人々

中城龍雄氏、七七歳、純粋柴犬保存に生涯をかけて

「世界中に八〇〇種以上もいる犬は全部人間が改良して作った種類です。そのなかで原種の名残をとどめているのは日本犬だけです」とおっしゃるのは中城龍雄さん。日本犬のなかでも、とりわけ柴犬に魅せられ、『天然記念物柴犬保存会』を作ったのが二三年前。

「戦争以来、洋犬とめちゃくちゃな交配を繰り返させてしまった結果、純粋といえる日本犬が少なくなったんですよ。日本中の家庭で飼われている血統書つき柴犬は、ほとんど本来の柴犬じゃないんです」。現在、標準の柴犬と認められる金章犬が一〇頭、準金章犬が一八頭、そしてこの程度なら柴犬といえる銀章犬が一六〇頭と数少ない。資料がうず高く積まれた書斎で、余生を日本犬研究に打ち込んでいる中城さんの口からは、熱い思い入れが語られます。「戦時中、軍へ犬の供出命令がありまして家にも若い憲兵がきたんです。〝日本の犬は民族の財産です。家族の食糧を分けて育てますから〟と言いましたら帰っていきました。今度は上官がやってきて、〝がんばって育ててください〟と励ましていきました。あの頃犬を飼っているなんて非国民扱いだったんですが……」。

先頃、柴犬は頭蓋骨がニホンオオカミと似ていることが学会で発表されました。「大変原始的な犬ですが、とても賢くて人の気持をよく理解します。愛玩動物じゃ飽き足りなく、ライオンや熊をペットにするのは、文明人の野生への郷愁でしょうね。いつか世界中の愛犬家から、日本に野生に近い犬が残っていると見直される時代がきっときますよ」。

制作／三原事務所 三宅事務所

図 11.1　『家庭画報』に掲載された日本犬をめぐっての中城龍雄氏の逸話（『家庭画報』1982［昭和 57］年，2月号，世界文化社より）．

がおられた．このことは日本犬の保存にとってなんとありがたく幸いなことであったと，感謝の念である．

大戦の難時を経て，現在にも日本犬の貴重な資質を保存しようと力を注ぎ続ける人たちがあって，保存運動は発達した科学の力を糧としてさらに続けられて，発展の道程にある．本書もその一環として記述されているものである．すでに発刊されている数多くの著作とともに，徐々に継がれていくものであることを念じている．

現在の代表的な日本犬の保存団体の一覧を資料として添付した（資料3）．

11.3　柴犬（日本犬小型）の成り立ち

昭和一桁の時代，すなわち日本犬という犬種を確立する必要に迫られた時代，町でみかける当時のイヌたちは，そのほとんどが垂耳・斑毛・垂尾・長毛または短毛など，さまざまで統一性に欠けていた．当時は放し飼いが主流で，イヌたちは市街の電車や自動車の通過する道路上でも交配して，交尾後結合などでたがいに困って吠えたりしている情景を街中で折々目にすることがあった．当時は，純粋犬というものが世間一般にめずらしい時代であった．日本犬の場合も，その背景となる血縁が保たれ，血統書をもっているイヌは少なかった．わが家の紀州犬も，犬屋さんで60円という当時のかなりの価格でありながら，血統書はもっていなかったし，その前に購入した柴犬の子犬にも血統書はついてこなかった．血統書はとくに必要とも考えなかったし，あるいは料金も別途であったのかもしれない．

日本在来犬を大型・中型・小型に分けて，それぞれを日本の天然記念物に指定し，日本独自の犬種を保護保存する運動は，たいへん貴重な文化活動である．とくに戦後は血統を維持することが確実に守られるようになり，「血統書付き」という語も至極当然の慣習のようになってきている．現在，日本犬のなかでもっとも多く飼育されているのが柴犬とよばれる小型犬である．「柴」というのは，「おじいさんは山へ柴刈りに，おばあさんは川で洗濯を……」という桃太郎の民話の冒頭に出てくる「柴」と同じ意味，つまり薪用の小枝を表している．これが小型日本犬の別名を柴犬と俗称するようになった由来である．

各地の柴犬は，独特の風貌をもってこれまで引き継がれてきている．柴犬には大きく2種類あるという認識も現在では一般的で，丸顔やオオカミ顔など，それぞれの特徴が観察される．科学的にその由来を調査した結果も得られた．岐阜大学と京都大学の研究チームは柴犬の展覧会の会場でイヌの唾液からDNAを採取し，柴犬は，その産出された各地で遺伝的にも隔たりをもっていることを報告している（『柴犬研究』第135号，平成21年7月発行．本書の第II部を参照）．これも，各地のイヌが大事に，交雑をすることなく維持されてきたことの証しといえる．

さらに一歩否数歩を踏み，古代の遺跡から発掘される日本古来の小型犬（柴犬）の骨格に着目し，古代犬の再現を目指したのが中城龍雄氏であった．人類学者長谷部言人博士などの助言をいただきながら，縄文時代にヒトの伴侶として生活したイヌの骨格に近づけようと種犬を選んで交配を進め，現在ではほぼ理想に近い，小型日本犬が再現されつつある．これも中城龍雄氏の熱意と努力，さらにそれに共鳴した方々のおかげである．中城龍雄氏は日本犬保存会で活躍された後，昭和34（1959）年8月に「天然記念物柴犬保存会」を設立し，その意志は後継者に引き継がれて現在に至っている．その努力の結晶は，現在の天然記念物柴犬保存会のイヌたちにみることができる．2015年現在，会長は3代目の照井光夫氏（秋田県在住）である．毎年4月と10月には東京で，5月には秋田県の田沢湖畔広場で，本部展を開催，よい自然環境の下で，柴犬の本質向上と繁栄に努めている．

美しい山河に囲まれた山陰地方では，アナグマ猟に活躍していた小型の日本犬の特質を活かし保存しようと，尾崎益三氏とその後継者による山陰柴犬育成会がある．現在は，狩猟よりも家庭犬としての特質が見直され，家庭向けの柴犬を主にした友好的団体として活動を展開している．

大型，中型，小型，絶滅した越の犬，それぞれの犬種の特徴のみえる写真を示す（図11.2 A-C）．

「血統書付きの犬」が一般の家庭犬にも当然の常識となったのは，第二次世界大戦後のことである．日本犬小型，つまり柴犬に関していえば，日本犬保存会と天然記念物柴犬保存会の血統の中心となる「中」号の出現は，多くの会員の慧眼と努力の結晶である（図11.3）．厳選なる選抜を行い，山陰系の柴と甲州系の柴を合わせて「紅子（赤石荘）」が誕生した．異父兄妹犬ど

図 11. 2A　上：秋田犬（福香号，メス），中：紀州犬（オス，写真提供：眞清基氏），下：甲斐犬（秋桜号，メス，写真提供：水野剛氏）．

図 11. 2B　上：北海道犬（オス，10 歳，軽井沢にて），中：甲斐犬の銅像（東京麴町の矢崎商營社屋前），下：忠犬タマ公の銅像（絶滅した「越の犬」，JR 新潟駅構内）．

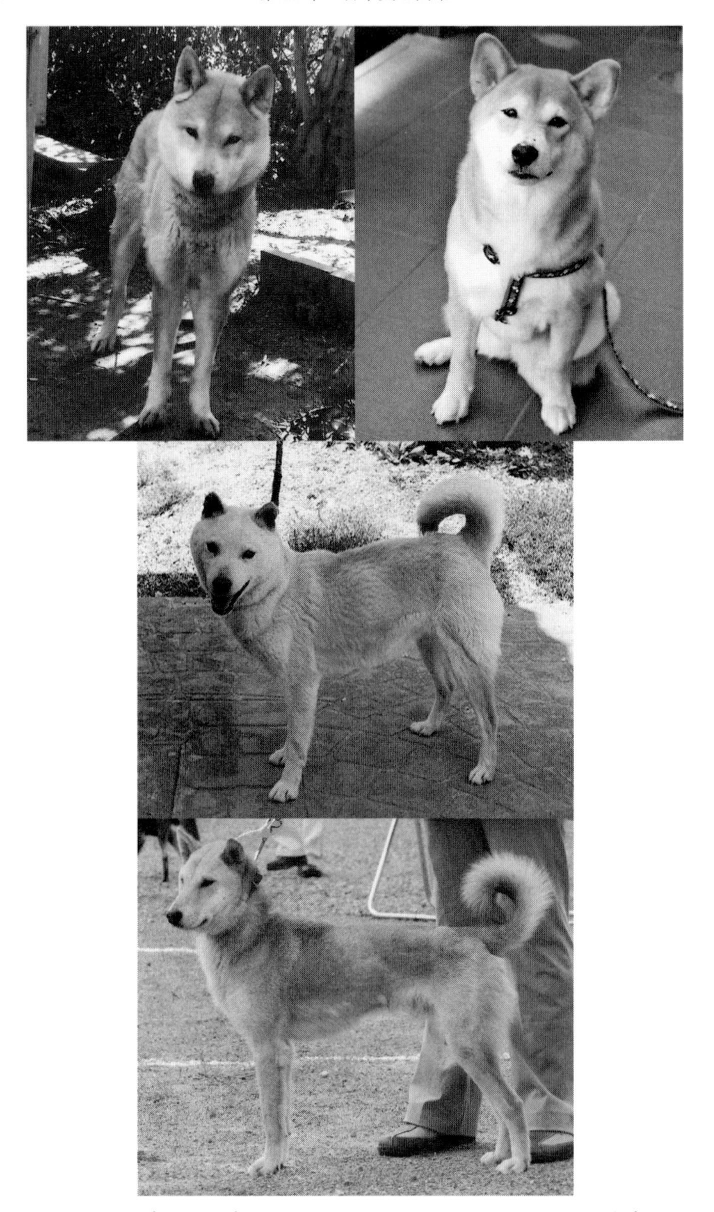

図 11. 2C　上左：四国犬（さくら号，メス，写真提供：水野剛氏），上右：小豆姫（メス，7歳，日本犬保存会柴犬），中：山陰柴犬（メス），下：柴保の金章犬（小町の神王号，オス，写真提供：天然記念物柴犬保存会）．

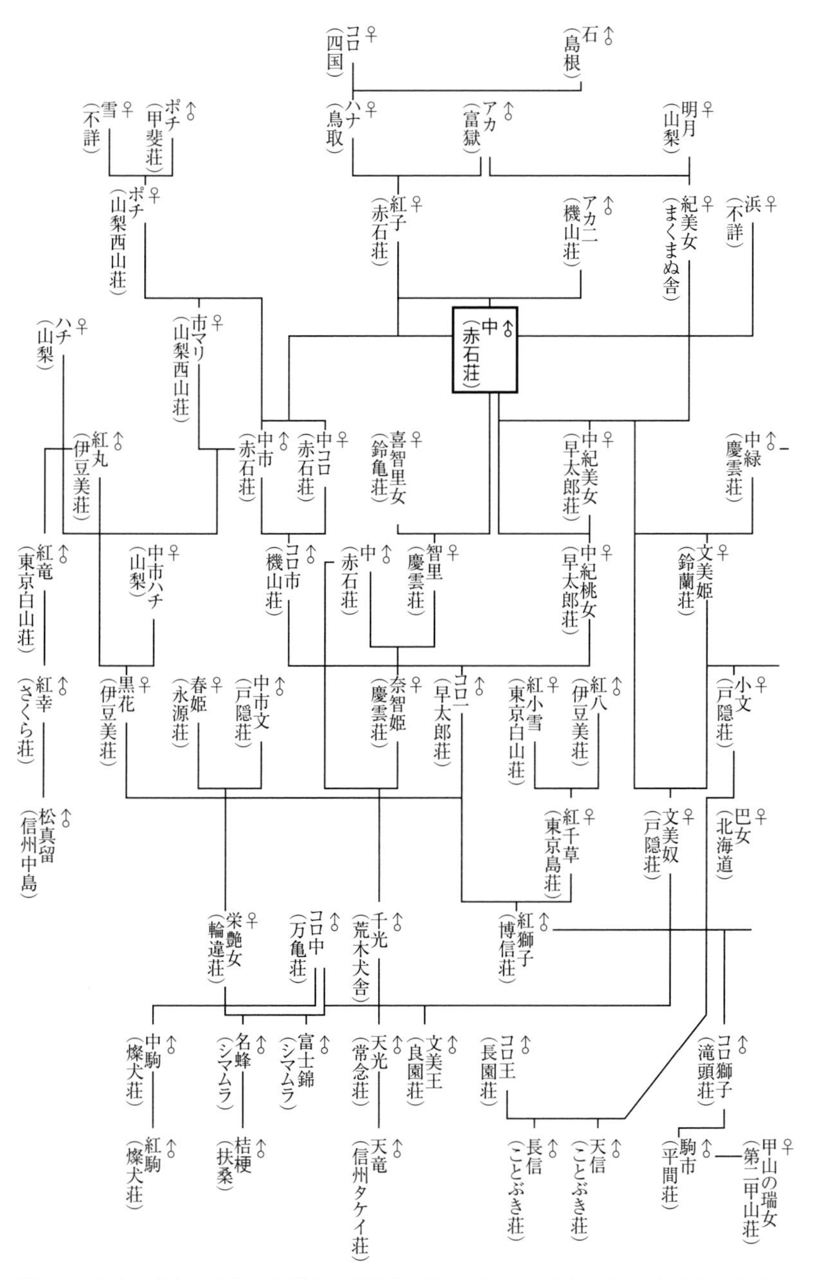

図 11.3 「中」号を中心とした柴犬の系統図（『日本犬――日本犬のすべて』平成 17 年度，第 7 号増刊号，社団法人日本犬保存会より）．

うしの「アカ二（機山荘）」と「紅子」で「中（赤石荘）」が生まれたのが昭和23（1948）年4月であった．「中」は長野に移って，その容姿端麗と気品の高さで活躍し，「信州柴」の名をあげることになった．さらに当時，思案の末の決行ではあったが，中号は母犬の紅子号と交配して「中市」と「中緑」が生まれ，現存の柴犬の系列を拡大する礎をつくった（資料4）．戦時の非常時態勢と敗戦の惨状下の日本国で，生活の苦難を抱えつつ，日本犬の純度の維持と向上に努めた先輩たちに向けて，現代のわれわれは幾重にも感謝しなければならない．戦後70年経った今，柴犬の登録数は年間数万頭といわれ，この状況は平和の象徴ともいえると思う．

天然記念物柴犬保存会（柴保）では理想の資質を満たしたイヌには「金章犬」の称号を与える（図11.2C）．その容姿は，顔貌の額段が浅く，吻が太く伸び，歯牙は大きく鋭い．四肢の発達は急峻な山道を軽く踏破し，跳躍力にも優れ，聴力・嗅覚鋭く，毛質は硬く，二重被毛で，天候の激変にも対応自在である，など，自然界で生きていく力を自然に備えて，ヒトと共生する，そのようなイヌたちに贈られる称号である．「ショウ」の漢字が「章」であるのは，中城龍雄初代会長の熟考によるもので，勲章の「章」と同じ意味で使われている．「章」は「しるし」，「賞」は「ごほうび」を表す．純度のきわめて高いと認められたイヌに対して賞金やごほうびではなく，「勲章を授与する」という初代会長の切なる思いが込められている．生まれた子犬は人間の戸籍同様に所属団体の犬籍簿に登録され（資料5），累々と子孫に名を列ねている．しかし，頭数だけが多ければよいとはいえない面を配慮することも必要であると筆者は考えている．

ヒトの伴侶の資質を備えたイヌ――縄文犬．ヒトが道具として育種選抜したのではなく，自然とともに暮らす過程で生まれてきたイヌ．年間の出生数は数百頭と少ないが，「理想の条件」を備えた自然の宝ともいえるイヌである．イヌは飼い主をつぶさに観察している．飼い主がイヌをみる以上に，イヌが飼い主をみて理解してくれている．その例を1つあげよう．

筆者の友人Tさん夫妻は，柴保のメスイヌを喜んで愛育し，「卑弥呼」（ヒミコ）と名づけた．夏には信州の別荘へ滞在，やがてご夫妻に体調の変化が生じて，朝夕の散歩にも無理があるほどの事態に陥った．それでも卑弥呼と一緒の生活を楽しんでおられた．卑弥呼12歳の夏，往路の車中で，卑弥呼は何回も排泄を催促するなど，様子が平時とは変わっていた．現地で数日を過ごし，明日は帰宅の日となったとき，卑弥呼は不意に引き綱をつけたままうれしそうに逸走，呼ぶなどしてもどうしても戻らず，楽しそうに山へ向かって遠く行ってしまった．普段の卑弥呼では考えられない行動で，懸命に呼んでも戻ってこず，不本意ながら帰京．近隣と山番に依頼しておいたが，やはりみつからなかった．卑弥呼にとっては，飼い主の生活ぶりを察し，一緒にいることの限界を感じて，これ以上，飼い主に世話をかけられないと，信州で自分で生きる道を選択したのであろうか．その後，飼い主夫妻もほどなく逝去．哀しいけれども，これも日本犬の選択とみてもよいのではないかと，筆者は思っている．

まったくの余談ではあるが，長年お世話になっている獣医師の先生に「お宅のイヌはがまん強いね」とほめていただいている．しかし，筆者は，日本犬は痛みに対する感覚が鈍いのではないかと思う．臓器の腫瘍が腹腔内で驚くほど大きくなっていたり，肺の大部分が硬く変質していたり，死後解剖してびっくりするほど症状が悪化しているにもかかわらず，外見では平素とあまり変化が感じられず，手遅れになってしまったケースもあった．日本犬にありがちな状況なので，注意が肝要と思い，以後は小さい変化も見逃さないよう心がけている．

12 歴史に名を残した日本犬

日本犬のなかには，歴史的に著名となり，多くの方々に親しまれてきたイヌたちがいる．ある意味では，日本犬の代表といってもよいかもしれない．日本犬が日本人に尊ばれるその心をのぞくには，著名な日本犬の日本犬としての姿を知ることもよい方法であろう．ここではとくに有名な日本犬たちを紹介する．

12.1 忠犬ハチ公

日本中のだれもが知っているイヌ，忠犬ハチ公．犬好きでなくとも，忠犬ハチ公と聞けば，渋谷駅前広場のハチ公の銅像を思い浮かべるであろう．その名は国内はもとより，世界を見渡しても，あるいはもっとも有名になっているイヌの名であるかもしれない．犬好きにとっては，その姿を瞼にしながらハチの生活の一コマ一コマを思うとき，その都度，新しい感動が湧いて胸がさわぐであろう．

ハチの没後 80 年を記念して，2015 年 3 月 8 日には，飼い主の東京帝国大学農学部農業土木科の教授，上野英三郎博士のゆかりの東京大学構内に，博士とハチの交歓の姿が銅像になって，その除幕式が行われた．いかにも上野博士とハチの喜ばしい出迎えの場面が再現されている．亡くなってから長い歳月が過ぎたが，ハチは人々の心のなかに生き続けている．その生活をもう一度文字にして振り返ってみたい．

ハチは，日本犬のなかでも大型に分類される秋田犬である．大正 12 (1923) 年 11 月 20 日ごろに秋田県大館市の斎藤家で生まれた．父犬は大子内号，母犬はゴマ号である．当時，上野英三郎博士から，立派な秋田犬を飼いたいとの希望があったので，つぎの年，大正13（1924）年1月14日に生後約50日の子犬が，鉄道貨物で秋田県の大館駅を発って上京した．今のように新幹線もなかったので，時間もかかり，翌15日に，上野家に出入していた植木職人の小林菊三郎さんが駅に到着した子犬を迎えに行っている．上野邸に無事到着した子犬はハチと名づけられて，先輩の2頭のポインター種ジョン（8歳）とエス（7歳）と一緒に生活するが，ハチは幼時には病気がちであったため，上野博士はとくにハチを愛育し，いつも身近くに置くようにして，ときには入浴や就寝も一緒にしたり，学生さんの集まりにも同席させたりすることもしばしばあったという．

当時，東京帝国大学の農学部は駒場にあり，上野博士は出勤のおり，自宅から大学まで徒歩で行かれたので，ハチも2頭の先輩犬と一緒についていき，博士の帰宅まで農学部の門の付近で遊んでいたりしたこともあったという．また，博士は留守中のハチの様子を書生さんに観察・記録させて，熱心に健康状態そのほかに注意を払っていたそうだ．まさに文字どおりの愛育ぶりであった．幼犬時代には病気がちであったハチは，看病の甲斐あってか元気に成長していった．けれども，ハチの幸せな生活はわずか1年半で急変する．ハチがまだ生後2歳にも満たない，大正14（1925）年5月21日，多忙に活躍しておられた博士は，脳内出血のため勤務先で倒れ急逝された．そのとき，博士はまだ53歳の若さであった．

上野博士の葬儀は5月26日に執り行われ，その後，飼い犬たちはそれぞれ他家へ預けられることになった．ハチは上野夫人の親戚に預けられたが，飼育環境の急変と飼育者の不慣れのためか，そこに馴染めず，けっきょくは上野家の植木職人である小林さんがハチの面倒をみることになった．博士は生前，遠方への出張の際は渋谷駅（山手線）を利用されていたので，ハチは博士が出張不在の際は，渋谷駅改札口で博士の帰りを待っていた．その習慣が，博士の没後，ハチを渋谷駅へ通わせるようになったのだろう．博士が亡くなったあと，毎日渋谷駅に通うハチが目撃されるようになる．人間にはおとなしいハチ，ひとりでいるところを野良犬とまちがえられたりもしたが，まったく抵抗しない．ときには顔に墨でいたずら書きをされたり，いじめられたりすることもあったという．それをみかねた一人が，日本犬保存運動家の斎藤弘吉氏であった．博士の没後5年あまりも渋谷駅改札口に，毎日粛々と通うハチを取り上げて，斎藤弘吉氏は「忠犬ハチ公」の美談を朝日新聞に紹介した．そして，昭和7（1932）年10月4日付で「いとしや老犬物語 今は世になき主人の帰りを待ち兼ねる七年間」と紙面で紹介されてから，ハチは当時の人々の敬愛の的となっていった．おりから軍国主義の台頭により，忠君愛国のスローガンにも歩調が合ったのか，ハチの美談は日本国内はもとより，外国へも紹介されることになった．

余談で恐縮とは思うが，そのころ（昭和9［1934］年），筆者もハチにあこがれる女の子であったと思う．大塚から目黒への下校途中，山手線渋谷駅付近のガード上を通過する山手線の扉の窓から，渋谷の大通りを駅方向へ渡っていくハチをみかけるチャンスをつかんだのは幸いであった．長い間みたかったハチが目の下，斜めの方角にいた．ハチは道路を右と左をみながら駅方向へ渡っていった．普通の足どりであった．途中下車して会いに行きたかったが，小学校2年生の身には許されないことであった．一瞬のハチの姿が八十余年後の今もはっきりと目に浮かぶ．ほんとうにラッキーな瞬間であった．一目みたハチは，とても立派で，今でも瞼に残されている（当時の電車の速度は今より遅かった）．

ハチが渋谷駅に通うようになって8年の年月が過ぎた昭和13（1938）年3月8日の早朝，ハチはいつも行っていた渋谷駅改札口とは反対側の渋谷区中通り3丁目の路地に息絶えて横たわっていた．穏やかな顔は朝露に濡れていた．日本犬は死場所を家人にみせないという．まさにその言葉どおりの姿であった．11歳3カ月，当時としては長命，死因はフィラリアと老衰といわれたが，最近の調べで心臓・肺にがんもみつかっている．ハチの葬儀は8日から10日にわたり弔問を受け，駅前の銅像にもたくさんの花が捧げられていた．葬儀は3月12日午後2時より，青山墓地で渋谷仏教会の僧侶16名による読経に始まり，上野博士の墓の傍らにある愛犬の祠にハチの霊を移して，午後3時に終わった．

遺骸は東京帝国大学農学部に運ばれて，江本博士により解剖，内臓の一部分は灰にして上野博士の眠る青山墓地への埋葬を準備，残りの内臓は農学部で保存，毛皮は国立科学博物館で剥製に，足の爪以外の骨格は標本となって，後に研究資料として斎藤弘吉氏に渡されたが，昭和20（1945）年，戦災により焼失した．

ハチは亡くなる前日から数時間前まで渋谷駅付近で，まるで別れの挨拶に歩いてまわったような行動をとったという．その記事を最近の刊行物で読んで，胸がいっぱいになる．著名となったハチに関しての解説書はとても多いが，一番わかりやすいものとして，白根記念渋谷区郷土博物館・文学館において2013年10月に催された特別展の際に刊行販売された『特別展ハチ公』を紹介する．現在は入手困難とのことだが，同博物館・文学館を訪れれば，図書コーナーに置いてある．また，渋谷区内の図書館では，どこでも読むことができるとのことだ．

現在，ハチの銅像は渋谷駅前と大館駅前に置かれている．これらは戦後に再建されたもので，オリジナルは昭和9（1934）年に渋谷駅前，昭和10（1935）年に大館駅前に建てられた．いずれも第二次世界大戦末期に，軍用資源金属供出のため接収された．銅像の再建はGHQ（連合国軍最高司令官総司令部）の要望もあって，戦後というのに早々と進行し，渋谷駅前では昭和23（1948）年8月15日に除幕式が行われた．戦後まもない時世の資源不足であるにもかかわらず，驚くほどの早さであった．これが現存の銅像である．大館駅前にも再建計画されたが，実現したのは昭和62（1987）年であった．今は駅前広場に秋田犬の親子の像とハチの座像があって，大館市の名所となっている．

12.2　タマ公と平治

忠犬ハチ公の名は世界にも知られ，地球上の国々の人たちの心にとどめられることになった．その傍ら，日本の国内だけであるが，語り継がれている2頭の日本犬がいる．それは，新潟の「タマ公」（越の犬・メス）と，九州の「平治（へいじ）」（秋田犬・メス）である．

タマ公は，絶滅した「越の犬（天然記念物に指定）」であるといわれている．新潟の豪雪地帯の村松（むらまつ）（旧川内村）の地で昭和9（1934）年2月5日と昭和11（1936）年1月10日，狩猟中に雪崩に埋まった飼い主，刈田吉太郎（かったよしたろう）さんを，二度にわたって掘り起こして救助した．村松ではタマ公の銅像を建造し，その像は新潟駅の南口に，タマ公の功績を讃える言葉を添えて置かれている（図11.2B参照）.

現在，タマ公の銅像は県下の新潟駅南口，村松公園，白山公園，愛宕小学校（旧川内小学校）の4カ所にある.

また，メスの秋田犬「平治」は昭和49（1974）年から14年間にわたり，九州の阿蘇久住山一帯の山岳ガイドを自発的に務め，道案内をしたり，山で迷った登山者の救出などに功績をあげたイヌである．平治は「平治岳（ひじだけ）」の名からつけられた名であるが，メスイヌには合わないように思われる．あるいは，アルプスの少女「ハイジ」にも似る姿が，ハイジ→ヘイジとなったのかもしれない．平治は昭和48（1973）年の夏，阿蘇山の麓，長者原登山口に，3カ月齢で捨てられていた子犬であり，当時皮膚病にかかっていて，哀れな姿であったという．山小屋の番人・荏隈保氏がときどき食糧を与えたりしていたが，あるとき登山中，山道に迷った老夫婦を無事にガイドして下山させてくれたお礼にと，皮膚病の薬代として礼金を渡された．平治の皮膚病は快癒して，立派に成長し，秋田犬に育ちあがった．平治は血統書もないけれども，写真をみると立派な大型の日本犬である．また，その賢さ，そして性格も日本犬の鑑ともいえる.

平治はほんとうに山が好きで好きで，楽しんで登山者についていき，おべんとうを分けてもらうことも楽しかったであろうし，危険な道へは行かないようにガイドもした．日本犬の本性は神秘に満ちていると感じさせられる一例で，秋田犬が九州の山で働いたという不思議なめぐり合わせの逸話でもある．昭和63（1988）年6月11日ガイド引退式の2カ月後，8月3日に平治は老衰で亡くなった（西日本新聞と読売新聞が報道）.

12.3 ヘレン・ケラー女史と秋田犬

ヘレン・ケラー女史（1880-1968）は，米国の女流著述家・盲人福祉事業家・20世紀の奇跡といわれ，盲・聾・唖三重苦の聖女とよばれた女性である．熱病のため1歳7カ月で視・聴覚を失ったが，1887年3月以降，サリバン女史の家庭教育を受けてから，パーキンス盲学校に入学．1900年，ラドクリフ女子大学に学び，在学中，不朽の名著“The Story of My Life”を出版．優秀な成績で同大学を卒業し，その後，世界の盲聾者の救済運動に活躍した.

光と音の世界からまったく締め出されたケラーの生涯を支えたものは，父，母，恩師たちの愛，宗教と自然の教えであり，また，否定さるべき自己をつねに凝視する自己教育を忘れなかったことにある．多くの著書のなかで，「わたくしは不幸な自分から自由になるため，狂気のように努力した」，「自分を忘れるところに無限の喜びがある」，「暗黒と沈黙のなかにもその幸福がある」と述べている．おもな著書には，“The Optimism”, “The World I Live In”, “My Religion” などがある.

日本には昭和 12（1937）年，23（1948）年，30（1955）年の 3 回来日し，各地で講演会が催された．二度目の来日を記念して，財団法人東日本ヘレン・ケラー財団（現在の社会福祉法人東京ヘレン・ケラー協会）が設立され，現在でも盲人福祉事業を行っている．ヘレン・ケラー女史の働きにより，米国や日本のみならず，世界の障害者の教育とその自立への理解と運動とが活発となり，障害者に力を与え，社会参加への道が開けて今日に至っている.

ハチが亡くなったのは昭和 10（1935）年 3 月 8 日であったが，その 2 年後の 6 月 13 日，訪日中であったヘレン・ケラー女史は，秋田県記念会館（県民会館）で開かれた秋田県教育会館総会で講演を行われた．「三重苦のハンディをも克服，闇に光を与えよ」と呼びかけ，2000 人余の聴衆に大きな感銘を与えている.

当時，女史の自宅には 4 頭の飼い犬がいた．そのイヌたちはそれぞれ米国，英国，ドイツ，フランスの原産のイヌたちで，これはイヌとの対話（触感）によって国の雰囲気を知るという意図によるものであった．秋田入りの前夜の駅頭で，女史は海外でも有名な秋田犬がほしい，日本と米国の友好に，と記者団に申し出られた．そして，大館警察署関係者の小笠原一郎氏より贈呈された秋田犬の子犬は，神風号（母犬は国光号）――この名は，当時，長距離飛行の世界新記録を樹立した純国産の航空機で朝日新聞社の社機「神風」からの命名という――であり，海外に渡った秋田犬の第 1 号であった.

ところが，神風号は渡米 2 カ月後にジステンパーで死亡，ヘレン・ケラー女史の哀しみは米紙アドヴァタイザーより，そのときの外相秘書官（秋田県阿仁町出身）に伝えられた．当時の獣医学では子犬の死亡率がきわめて高いので，昭和 14（1939）年 7 月に，3 歳の成犬「剣山号」（アカ号と国光号の子）がふたたび小笠原氏から贈られた．「剣山号」はニューヨーク・ブルックリン埠頭に届き，ヘレン・ケラー女史はコネチカット州ウエストポートの自宅からわざわざ出迎え，このことを日米両国の各紙が写真入りで大きく報じた．

後日，ヘレン・ケラー女史からの贈り主の小笠原氏への手紙には「私は剣山号を小笠原氏から贈られた愛犬としてばかりでなく，今なお輝かしい記憶として残っている日本の国民からの使者として愛しています」とあった．ヘレン・ケラー女史が秋田犬を介して愛された日本と米国との間の大戦をいかに悲しまれたか，想像に余りある．女史は3回の来日で講演活動を行われているが，1968年，篤い信仰のもと神に召されて昇天された．

このように日本犬は，ここ日本列島に縄文人とともに移り住んできた長い歴史をもつが，その純朴さと従順さゆえか，世界各地で愛され，尊ばれるイヌとして広がってきている．

後記

天然記念物柴犬保存会（柴保）は，縄文遺跡から発掘された犬骨の姿を目標にして種犬を選び，交配を重ねてきている．そのイヌたちは「中×紅子＝中市」の系列を軸にして，10代・23年の時間を経て「第二中市」の出現となり，現在の柴保のイヌは，その後さらに40年，8代から10代を経たイヌたちである．

現段階では年間の出生登録数は数百頭とまだ少ないが，姿形・性能ともに縄文時代のイヌを再現しえていると筆者は確信する．最後に，柴保会報への小原巖氏の寄稿を紹介する．また，柴保のイヌの山野での生活“現代版”として，ドキュメンタリー映画『シバ――縄文犬のゆめ』（監督：伊勢真一）があることを紹介し，第III部を閉じることにする．

第111回天然記念物柴犬保存会本部展（東）――秋田県田沢湖――にて
（柴保会報『柴犬研究』第156号寄稿の一部分を抜粋）

元国立科学博物館科学教育室長　小原巖

柴保のイヌの頭骨は縄文時代のイヌのものに似ているといわれる．それは柴犬の大部分を占める 1 年間の登録数約 6 万頭の日本犬保存会系のイヌが明瞭な額段を有するものをよしとするのとは異なり，額段がきわめて浅いことなど，家畜化が進んでいない原始的な特徴をもつことにある．柴保の金章犬，「神無の紅女」の頭骨を中心にほかの犬種やオオカミの頭骨と比較しながら，柴保のイヌの特徴を示す．

柴犬雑種の頭骨は前額骨（額の骨）が盛り上がり顕著な額段をつくる．その盛り上がりは左右に分かれた 2 つのコブとなり，前後に走る溝をつくる．柴保のイヌの頭骨は，この盛り上がりも前後に走る溝もほとんどないので，額段が浅く，広い額となる．歯は大きい．筋肉の付着部となる脳頭蓋上面中央部を前後に走る陵線（矢状陵）や後頭部の高まりが顕著なこと，なども原始的で野生的な特徴である．さらに，頭骨に下顎骨を組み合わせ，テーブル上に置くと，オオカミでは安定せず，ゆらゆらと揺れるものが多いが，イヌでは頭骨の後方が接地し安定する（平岩米吉による）．ところが，柴保のイヌではしばしばオオカミのようにゆらゆらと揺れる個体があるのもたいへん興味深い（鈴の紅丸と紅の鶴姫の父娘，巖の中女）．

今後，柴犬はペットとしてしか生きるほか道はないと考える人たちもいるが，そのような話題もきこえてくる時代に，原始的，野性的特徴を守る柴保の活動は，少数とはいえ，きわめて貴重なことと思われる．

第 III 部　参考文献

愛犬の友編集部編．1953．日本犬大観（愛犬の友臨時増刊）．誠文堂新光社，東京．

愛犬の友編集部編．1987．日本犬名犬写真集．誠文堂新光社，東京．

一ノ瀬正樹・正木春彦編．2015．東大ハチ公物語──上野博士とハチ，そして人と犬のつながり．東京大学出版会，東京．

アン・サリバン（槇恭子訳）．1995．ヘレン・ケラーはどう教育されたか──サリバン先生の記録．明治図書，東京．

佐藤孝雄．2013．イヌと縄文人──貝と骨からわかる縄文人の素顔．東名シンポジウム資料集．

社団法人日本犬保存会．2005．日本犬──日本犬のすべて　平成 17 年度，第 7 号増刊号．社団法人日本犬保存会，東京．

社団法人日本犬保存会．日本犬（日本犬保存会会員向け　隔月発行の会誌）．

白根記念渋谷区郷土博物館・文学館．2013．特別展ハチ公．白根記念渋谷区郷土博物館・文学館，東京．
田名部雄一．2007．人と犬のきずな――遺伝子からそのルーツを探る．裳華房，東京．
田名部雄一．2012．遺伝子から探る柴犬の成り立ちと血統――柴犬の系譜．シーバ Shi-Ba　2012 年 3 月号（Vol. 63）．辰巳出版，東京．
千葉路子・田名部雄一．2003．Japanese Dogs（英文）．講談社インターナショナル，東京．
千葉雄．2007．忠犬ハチ公物語――ハチ公はほんとうに忠犬だった．自費出版．
天然記念物柴犬保存会．柴犬研究（天然記念物柴犬保存会会員向け　年間 3–4 回発行の会誌）．
中城龍雄．1983．日本の犬――歴史と現状と将来．NGS，大阪．
中城龍雄．1995．柴犬研究六十年――柴犬の純化と固定化をめざして．形成社，東京．
ヘレン・ケラー（川西進訳）．1982．ヘレン・ケラー自伝――私の青春時代．ぶどう社，東京．
ヘレン・ケラー（鳥田恵訳）．1992．光の中へ．めるくまーる，東京．
吉田悦子．1997．日本犬――血統を守るたたかい．新人物往来社，東京．

【資料1】「天然記念物柴犬」の飼育について
（1985年ごろ，監修：中城龍雄）

はじめに

古代日本人（縄文人）と起居をともにして，山野での狩猟に，また野獣から人たちを守るために活躍した小型犬がいたことを，当時の遺跡から出土する骨や土具に描かれた画が証明しています．この犬たちは人間と一緒に葬られていたり，狩りで怪我をした老犬もいたりすることから考えて，縄文時代の日本人は心からこの犬たちを愛し，家族の一員として扱っていたものと思われます．この犬たちの特徴は立耳，巻尾または差尾，頭骨は吻が長く，額段（ストップ，額の下部の凹み）が小さくて，額が平らで広く，歯牙が大きい，そして，弥生時代へと進むにつれて頭骨の額段が目立ってくる傾向がみられます．

「天然記念物柴犬保存会」は，会長を故・長谷部言人博士，理事長を故・中城龍雄氏として昭和34年に発足しました．当時，多くの学者たちからの支持・協力を背景に，上記のような縄文犬に近い犬たちを再現することに努めた結果，数年間で急速にその作出上の成果が著しく現れ，古代日本の小型犬に近づいたほんとうの意味での柴犬が年間数十頭ずつも作出されるようになりました．当会ではこのような犬たちを金章犬や準金章犬として，作出上の主役を果たす状況にあります．

頭骨や歯などの特徴が縄文犬に近づいたこの犬たちは，性格，資質（眼型・耳型・毛質・毛色）も野生の動物に近く，共通した勘の鋭さをもち，家犬として敬愛するものへ，たとえば飼い主への忠実さ，従順さ，思いやりをもち，これらのことから現在も狩猟犬としても優れた働きを示しています．身体は敏捷性と運動能力に優れ，丈夫で粗食に耐え，飼い主の心を理解して，それぞれの置かれた環境によく順応してくれます．

このような犬を飼育するには，理想としては縄文時代の生活をすればよいわけですが，現代人にそのようなことはできません．それで，できるだけよく運動させること，食物は低脂肪でさっぱりしたものを与えること，愛情をもってよく遊んであげることなどが原則的な要点です．

50日前後の柴犬の子犬の飼育管理

一般に市販されている犬の飼い方と異なる内容が含まれている可能性がありますが，柴犬の場合を中心に記載します．

◎飼育場所

- 飼育場所は日当たりと風通しのよいところで日陰もとれるところ．理想としては1坪足らずの囲いをつくって寝箱を置き，囲いのなかに放し飼いにする

図　子犬はロープあるいは太い針金をわたしてそこにつなぐのがよい（成犬も同様）．

こと．1日2回くらい散歩に出ること．

- 子犬時代につないで飼うと，前肢の付け根の関節が外転または内転することがある．ロープか太い針金を2mくらいわたしてそこにつなぐと，ある程度の広さで運動できるのでよい．また，心理的にも束縛感をもたせないと思われる．ただし，放し飼いの子犬でも1日のうち数時間はケージに入れるかつながれる癖をつけておくこと．とくに，牝犬は発情期に囲っておく必要が生じることから，小さいときからケージに入ることに馴れさせておくこと．

◎食餌

参考のため，成犬（体重8-12kg）の1日の目安量を紹介する．乾燥ドッグフード：130-170g．脂肪の少ないもので良質のものを選ぶ．ごはん：軽く1杯またはパン1枚．キャベツなどの野菜・煮干し・わかめ（塩抜きして）または海苔．成犬用ミルク（幼時は子犬用ミルク）大匙2杯．上記を2回に分けて与える．幼犬はこの3分の1から4分の1の量を与える．

- 子犬は1日3回，1回分が30g（水ようかんのカップ3分の2くらい）の幼犬用フードにごはんを少し混ぜるとよい．少し馴れたら，キャベツ，大根の葉など茹でて加える．煮干しも1日5-6本与えてよい．牛乳は下痢するので不可．犬用ミルクを1日2回，1回分およそ小匙山盛り1杯をといて飲ませるとよい．
- 2カ月以下の子犬に多く与え過ぎないこと．
- 3-5カ月の子犬は非常に食べたがるが，腹7分目でがまんさせるくせをつける．これはちょうど急いで全部平らげて食器をきれいになめてしまう程度である．幼少時，満腹で肥満させぬように注意．
- 3-6カ月のとき，牛骨の関節部分（ゲンコツという）を2-3時間煮てスープをとったものを，まわりの脂や筋を除いて1日2時間くらい囓らせる．また時間がきたら取り上げること．顎の発達によく，永久歯に替わるときに歯もきれいにそろう．（注）牛骨は近年，入手困難．豚骨は柔らかで，食べてしまうと便が固くなるので不可．
- 人間の菓子，ハム，ベーコンは与えてはならない．茹でたレバーは少量可．
- チーズは少量はよいが，与えないほうが無難．犬用のチーズは少量可．
- 煮干しはある程度多すぎても差し支えない．鳥の骨も消化器に刺さるので不可．
- オヤツのジャーキーは1本そのままではなく，細かくして1回量を少なくする．
- 干ものや揚げものの残りを与えるときは洗って塩と油を除くこと．幼少時はそれも不可．
- エビオス，ビオフェルミンは好きなので，便のゆるいとき5-6粒与える．脂肪，糖分が多い場合，便がゆるくなる．
- ある程度定期的に体重を測り，太りすぎに気をつける．肥満は万病のもと．人間用の体重計で人間が抱いて測り，そこから人間の体重を引く．

▲与えてはいけない食べ物
- タマネギなどのネギ類，イカやタコなど軟体海産物や生の貝類や甲殻類，脂肪の多いもの，塩分の強いもの，甘いもの，チョコレートなどのカカオ類，鳥の骨，タイ・イサキなどの硬い魚骨．

◎散歩
- 生後2-3カ月ごろは抱いていき，外に馴れさせる．生後4カ月ごろの2回目のジステンパーの予防接種後，1回20分程度，1日2回を目安に始める．義務感からではなく，犬に対する思いやりと自分の健康のためという気持ちで．散歩の時刻を決めないほうがよく，こちらの都合のよいときに犬を合わさせる．しだいに散歩の時間を長くしていく．

◎排便
- オシッコのとき（チー），大便のとき（ウーン）と声をかけてやっていると，声をかけるだけで排便するようになり，好都合．幼少期に屋内で飼うとき，廊下の隅など2-3カ所に新聞紙を置いておくと，そこでトイレを覚える．
- 市販のペットシーツは子犬が嚙んでおもちゃにして食べてしまうことがあり，危険（内側にビニールが入っている）．もし嚙んで遊ぶようなら，用いないこと．新聞紙・古い布などがよい．
- 室内で遊ばせるとき，室の隅に2カ所くらい新聞紙を広げて置き，そこへ行ってオシッコをさせる．また，2時間くらいで庭へ出す．そのときに排泄する．
- 初めが肝心とお粗相をしたのできつく叱ったところ，排尿排便することがいけないことと勘違いして排尿も排便もしなくなって困った，しつけしなおすのにとても手間どった，という体験談あり．

◎毛の手入れ

- 木綿の軍手で毎日やさしくこするとよい．
- 6 カ月くらいから金属の櫛で梳く．
- シャンプーは夏に 1 カ月 1 回くらい．

◎寝るところ

- 初めしばらくは，玄関などにサークルを置いて新聞紙を敷いておいて，なかに寝箱を置く．家族の様子を観察させ，家の状況を理解させるとよい．
- リンゴ箱くらいの段ボールを横向きに置いて，天井があるようにする．そのまわりをサークルで囲い，ある程度は自由に動けるようにする．サークルの高さは 90 cm 必要，45 cm では幼犬でも乗り越える．とりあえず大きな段ボールでもよい．
- 幼いころはひもでつながないほうがよい．
- 3 カ月まで寒気は禁物．お腹に毛がないので冷えるとよくない．
- 今まで，親・兄妹と一緒に寝ていたのでたがいに保温していたから，1 頭になったときは冷えすぎないように注意．冬は，夜はさらにカバーをかけて保温する．ただし，温めすぎもよくない．毛糸のセーターやぬいぐるみ人形のようなものを入れておくとよい（犬の毛の感触）．ボタンやぬいぐるみの目の玉は，囓って口に入れてしまうので除いておく．
- 冬季は湯たんぽまたはペット用のヒーターを用いる．電気不要の保温マットやアルミ蒸着の保温シートも有効．

◎遊び

- 遊びは犬を育てる．人との関係は遊びを介して育つ．たとえばジュースの空き缶に小石を入れ穴をガムテープでふさいだもの（音が出てころがる）などで遊ばせる．遊びの途中で甘噛みで噛んでくるので，人の手や足を噛んだら叱る．不思議と少しずつわかってくるらしい．ラップ類の芯も喜ぶ．古靴下，テニスボールなども遊び道具になる．ゴルフボールは飲み込むことがあり，危ない．3 カ月齢前後で「待て」，「おすわり」，「よし」などの数種の言葉を理解できる．

◎叱り方

- 吻をつかんで“いけない！”と少しきつくひとことといえば理解する．叱るとき，頭を叩かない．目をしっかり合わせ，きつくいってきかせる．
- 新しい家に馴れるまで叱らないこと．最低 10 日間くらい．
- 子犬がきてから 7–10 日間はやさしく接する．仲間がここにいるという安心感をもたせる．
- 叩いたり，こわい声を出したりしないこと．

◎その他

- 夜中に鳴いたら，初め2日間は起きていって抱き上げ，静かにやさしくなだめて，場合によっては子犬用ミルクを1-2口なめさせる．そしてまた，そっと寝床に入れる．3日目ごろからは鳴いても無視する．
- 鼻鏡が濡れて光り，目やにもなく，正常な便をして適度に活発であれば健康．ジステンパーの予防接種，フィラリアの予防薬などは獣医さんの指示を受けること．
- 迷子になることがあるので，首輪に電話番号を書いておくとよい．
- 予防接種は地域にもよるが，5種または6種混合でよい．9種混合ワクチンで死亡した例がある．

【資料2】日本犬標準の制定　日本犬保存会

日本犬標準左の如く制定す。

昭和九年九月十五日

日本犬標準

中型

一、本質ト其表現　悍威ニ富ミ良性ニシテ素朴ノ感アリ、感覚鋭敏、動作敏捷ニシテ歩様軽快弾力アリ。

二、一般外貌　牡牝ノ表示判然トシ体軀均斉ヲ得、骨骼緊密ニシテ筋腱発達シ、牡ハ体高体長ノ比一〇〇対一一〇ニシテ牝ハ体高ニ比シ体長稍長シ、体高牡一尺六寸五分（約五〇糎）乃至一尺九寸五分（約五九糎）牝一尺五寸五分（約四七糎）乃至一尺七寸五分（約五三糎）トス。

三、耳　小サク三角形ニシテ、稍前傾シテ緊乎ト立ツ。

四、眼　稍三角形ニシテ外眥上リ、虹彩濃茶色ヲ呈ス。

五、口喙　鼻梁直ニ吻尖リ、鼻鏡緊リ良ク唇引緊リ、歯牙強健ニ嚙ミ合セ正シ。

六、頭・頸　額広ク、頬部良ク発達シ、頸部逞シ。

七、前肢　肩胛骨適度ニ傾斜シテ発達シ、下膊直ニ趾緊握ス。

八、後肢　力強ク踏張リ、飛節強靭ナリ。

九、胸　深クシテ肋適度ニ張リ、前胸発達良シ。

十、脊・腰　脊直ニ、腰強勁ナリ。

十一、尾　太ク力強ク、差尾又ハ巻尾ヲナシ、長サハ略飛端ニ達ス。

十二、被毛　表毛剛ニシテ直ク、綿毛軟ニシテ密生シ、尾毛稍長ク開立ス。毛色ハ胡麻、赤、黄、黒、虎、白、トス。

失格

一、日本犬ノ特徴ヲ欠クモノ。

二、著シキ下顎突出及ビ下顎後退セルモノ。

三、先天的ニ短尾ナルモノ。

四、成犬トナリテ尚先天的ニ耳立タザルモノ。

減点

一、後天的損傷及ビ栄養管理不適。

二、体色ニ副ハザル鼻色。

三、毛色斑。

注意

一、軍用犬トシテハ目立チ易キ毛色純白ナラザルヲ可トス。
二、距ハ成ル可ク除去スベシ。

大型（中型標準ニ異ル項下記ノ如シ。）
一、本質ト其表現　悍威ニ富ミ良性ニシテ素朴ノ感アリ、挙措重厚ナル可シ。
二、一般外貌　牡牝ノ表示判然トシ体軀均斉ヲ得、骨骼頑丈ニシテ筋腱発達シ、牡ハ体高体長ノ比一〇〇対一一〇ニシテ、牝ハ体高ニ比シ体長稍長シ、体高牡二尺五分（約六二糎）乃至二尺四寸（約七三糎）牝一尺九寸（約五七・五糎）乃至二尺一寸五分（約六五糎）トス。
十一、尾　太ク力強ク巻尾ヲナシ、長サハ略飛端ニ達ス。

減点

四、尾巻カザルモノ。

小型（中型標準ニ異ル項下記ノ如シ。）
二、一般外貌　牡牝ノ表示判然トシ体軀均斉ヲ得、骨骼緊密ニシテ筋腱発達シ、牡ハ体高体長ノ比一〇〇対一一〇ニシテ、牝ハ体高ニ比シ体長稍長シ。体高牡一尺二寸五分（約三八糎）乃至一尺四寸（約四二・五糎）牝一尺一寸五分（約三五糎）乃至一尺三寸（約三九・五糎）トス。
十一、尾　太ク力強ク、長サ略飛端ニ達スルモノハ差尾又ハ巻尾ヲナシ、短尾ナルモノハ茶筌尾ヲナス。

失格

中型標準失格第三項ヲ削除ス。

附則第一

一、尾ノ呼称
　一、差尾
　二、巻尾（太鼓巻、右巻、左巻、二重巻）
　三、茶筌尾
二、毛色ノ呼称
　一、胡麻（胡麻、白胡麻、赤胡麻、黒胡麻）
　二、赤（赤、淡赤、紅赤）
　三、黄
　四、黒
　五、虎（虎、赤虎、黒虎）
　六、白

附則第二

一、体高区分ニヨル大型中型小型ノ審査（各型過大過小減点）ハ昭和十二年マデ其ノ実施ヲ保留ス中間体高ノモノハ左記ヲ以テ区分トシ右保留期間ノ審査ニ充ツ。

大型中型区分
牡　二尺（約六〇・五糎）
牝　一尺八寸（約五四・五糎）
中型小型区分
牡　一尺五寸（約四五・五糎）
牝　一尺四寸五分（約四四糎）

日本犬標準制定経過

各犬種毎に標準規定ありて其の本質、体型を示し、繁殖並びに審査の基準を明かにす。然るに未だ日本犬に公認せられたる標準なし。昭和三年六月、日本犬保存会創立せらるるや日本犬標準制定の必要を痛感し、其の考究に着手せるも容易く決定す可き事柄にあらざるため、不取敢同年九月発行の前会報第一号に、日本犬愛好者の犬選択の参考のために、との註を附し『日本犬の一般的体型』と題し其の体格により大中小の三型に区分し、頭、鼻、眼、耳、頸、胸、前肢、後肢、腰、尾、毛、肛門の諸重要部並びに欠点となす可き諸項に就いて暫定的なる発表をなせり。

其の後昭和七年一月本会の組織改りて確立せらるるや、本会重要事業の一として日本犬標準の確定を期し、昭和八年三月、日本犬標準起草委員として鏑木外岐雄、板垣四郎、北村勝成、平岩米吉、小松真一、梶晴雄、木塚静雄（梶、木塚両氏は後辞任）斎藤弘の八氏を挙げ此の旨同年四月発行の本会月報第一号に発表す。同月中委員会を開催して北村委員資料蒐集係を担当し、先づ全国の本会理事及び日本犬研究、畜犬研究者と見なさるる本会々員、会員外の人々合計三十一名に日本犬標準制定に関する意見書を求め、且又、月報に告示一般会員より広募せるに解答者九名あり、内何等の意見なき旨返信し来りしもの四通、不真面目なる返信二通、真摯なるもの三通にて、特に本会関西理事塩原鈞氏の紀州犬を基としての綿密なる観察、測定になる意見書は解答書中唯一の有力なる標準起草の際の資料となりたり。会員外に於いても朝鮮の著名な猟師吉村九一氏は日本犬を獣猟鳥猟に使用せる実験に基く独自の意見を解答せられたり。当時畜犬界に日本犬を論ずるの士多々あるに不関、標準に就いて決定的なる意見を求むるや、其の真摯且篤実なる研究者の寥々たる事実を知り誠に寂然たるものありき。

同年八月、起草委員会を開催、委員中より小委員を選任し、北村、小松、斎藤の三氏を挙ぐ。同年十一月三日開催の第二回日本犬展覧会に測定部を設け小松委員を主任として、出陳犬各型の生体測定をなすと共に此の間絶えず資料の蒐集を努め、各地方日本犬展覧会の優秀犬の統計等を収む。凡そ準備完了せるを以て昭和九年二月発行の月報正月号に、同年度事業眼目中第一の重要事項として、本年度中に日本犬標準制定発表す可き事を宣す。

昭和九年七月小委員会を開催し、先づ斎藤委員基案を作製するに決し、諸資料、諸条項を考究して八月中旬基案成る。同委員基案作製に当りては、一、要領的確、二、文字簡潔、三、細部に亘らず大綱を示すの三項を要旨とし、蒐集の諸資料即ち、一、前記解答文。二、我国古来の日本犬の諸説、及び古来の諸資料。三、既往本会発表の諸説。四、本会の日本犬審査方針。五、現在の各地各型の日本犬。六、外国犬の標準、特に立耳巻尾体型犬の標準及び使役犬の標準。七、日本犬の特質特徴、等を基に尚将来日本犬は其の主使役目的を如何に予定し、如何なる体型性能の犬を繁殖す可きか等を考慮し、之を要するに我国現在残存の日本犬を基とし将来作出発達せんとする日本犬の基準を示すを眼目として基案を作製せり。

同年八月二十五日小委員会を開き、基案を協議訂正して初めて第一案を得、これを謄写して、起草委員、理事中の日本犬審査員及び陸軍々部内軍用犬研究者、民間使役犬研究者に配布し、再び諸氏の意見を求む。九月二日小委員会を開催し、第一案に対する解答意見書を参考として協議の上、訂正第二案を作製す。関西理事里田原三氏関西支部を代表して上京小委員会に加る。第一案に対する意見解答書六通、内、習志野廠舎に在りて演習寸暇無き騎兵大尉有坂光威、一等獣医間庭秀信両氏の詳細懇篤なる共同意見書を寄せられ、歩兵大佐今田荘一氏は一般標準に関する該博なる知識による意見、民間使役犬研究者相馬安雄氏の使役犬としての胸、前後肢、腰等に対する意見を寄せられしことは感謝に堪えず。本会に於いては板垣四郎、塩原鈞、京野兵右衛門の三理事真摯なる意見の解答書があり第一案訂正の有力なる資料となりたり。九月四日起草委員会並びに本部理事会を開催し第二案を協議訂正して第三案を作製、関西支部里田理事出席す。九月十二日小委員会を開き関西支部側意見書を参考とし、有坂大尉参加して語句僅少の訂正を見第四案を得。九月十五日最後の委員会並びに本部緊急理事会を開き第四案を基として協議茲に日本犬標準を決定す。九月四日、十五日の両理事会に於いては板垣、平岩、両起草委員より用語其他に就いて適当なる意見あり次案作製の有力なる意見となりしを記す。

之が発表にあたりては九月十八日夕、我国各畜犬団体、各畜犬雑誌代表者、及び標準起案に援助されし人々を東京緑風荘に招待、東京理事有志出席、日本犬標準制定披露をなし、各畜犬雑誌、有力新聞に発表をなせり。本会と連絡ある諸外九国十三畜犬団体には、本標準日本文を正体とし外国係理事秦一郎氏英訳を副本とし発送通知のこととせり。

本会内に於いては十月一日発行月報第十五号を以て速報し、本会報を以て正式発表となす。　以上

日本犬標準解説

日本犬標準は前記経過に記された様に我国古来の日本犬の特徴特質を基とし、将来作出さる可き日本犬の進路を示すものとして制定発表せられた。元来標準は要旨的確文字簡潔を主眼とするものであるが故に、読者あるいは理解し難い所あるかを慮り玆に簡略なる解説を附することとした。

日本犬標準なる語は普通標準体型と称さるるものと同様の意義である。然し単なる体型以外、本質と其の表現等の重要事を含む故に標準体型なる語は適正でないため日本犬標準と題して発表されたのである。大型中型小型の区分は体格、主要使役目的体型によって全国日本犬を一丸として区分したものであって、将来の日本犬の発達を図るため当然の処置と考える。又発表形式に於いても先づ日本犬の中心をなす中型犬を規定し、其れより大、及び小なる両型は其の異る所を記して重複をさけた。以下順次項目を追って簡単に解説することとする。

中型

中型犬は今日まで主として獣猟犬として保存され来った。然し現在に於いて既に一般的には家族の番犬として飼養されつつある。将来は一層、平時にあっては家庭番犬として発達し、特殊勤務に於いては警察犬、軍用犬として発達をするものと確信する。一方獣猟に使役する以外欺くの如き発達をなすが日本犬中型犬の進展上当然の経路と考える。故に此の標準に於いても此の意の基に起案されたものである。

一、**本質ト其の表現**　本質とは中型日本犬本来の性質素質のことであり、其の表現とは有型無型対者に其の本質を感得せしむる処のものである。悍威に富み即ち威厳あって、きりっとして居ることは日本犬の最も重要な本質であるが、然も良性即ち忠実従順であって狂暴ならず、素朴の感がなくてはならない。即ち華々しいけばけばしい犬でなく、素朴な、地味な中に品位のある、汲んでも尽きぬ味のあるものでなくてはならぬ。感覚鋭敏、即ち過敏ならぬ、落ちついた中に鋭敏な感覚を持ち、果断にして警戒心あり、動作敏捷、黙する時は静かなること林の如きも一度動くや電光石火の如くの例えの如く動作敏捷であって、歩様軽快、歩態は重々しくなく速歩駈歩共に軽快で弾力がなくてはらない。以上は中型日本犬の最も重要な本質と其の表現である。

二、**一般外貌**　牡牝の表示判然とし、牡はどこまでも牡らしき風貌を表し、牝はいかにも牝らしくある可きで決して牡の如き貌を望むものでない。体軀均斉を得、犬体全体が均斉よく、骨骼緊密にして筋腱発達し、骨質が緊密で骨骼の組織がしっかりして居って、筋肉、腱がよく発達して附着よく、牡は体高体長の比一〇〇対一一〇にして牝は体高に比し体長稍長し。之に肩高の文字を用いず、体高の字句を用いたのは従来犬の高さを測るに肩胛骨上端の最高位の部を以て測定する習いであったが肩胛骨の位置は犬により稍異るものある関係上不確実の率多いため、之を肩胛骨上端の最高位部より稍下位の外貌上脊と相交る部の脊椎骨上を以て測ることとした故に体高の字を用いて居るのである。即ち自然静止時体型に於ける体高一〇〇に対し胸骨先端部位より座骨後端部位に至る長さ、体長比は一一〇である。一般に一〇対一〇比は最も駈歩に適する体型と云われ、九対一〇之至一〇対一一比は速歩に適する体型と云われる。日本犬の通常歩態は何であるか、起草委員、理事等に於いて実際に、平地及び山岳地に於いて充分実験せる結果、速歩体なるを確むると共に、一方、優秀犬の確実なる測定をなせる結果、世間往々伝える如き一〇対一〇比のもの殆ど絶無であって、略一〇対一一比が最も優良犬なるを証し得た。一〇〇を以て単位とせるは、耳長管囲の如き小位数字の基準をなすに便宜のためである。牝は内部臓器其他構造上牡に比し、体高体長比稍長きを附書した。体高牡一尺六寸五分（約五〇糎）乃至一尺九寸五分（約五九糎）牝一尺五寸五分（約四七糎）乃至一尺七寸五分（約五三糎）とす。は其の繁殖の関係上中型日本犬の現在の犬を基準としたものであって且又、其の使役の上に於いても相当の働きをなし得る体格と信ずるものである。しかしながら将来繁殖度の進歩により其の体高許容巾を縮少し、牡の如きも一尺八寸を中心として上下各一寸宛となすを理想として努力すべきであろう。

三、耳　小さく三角形にして、耳は其形小さく、三角形であって、勿論此の三角形の意は正三角形の意味でない各辺長異っても外貌三角形をなすの意である。稍前傾して緊乎と立つ。稍前傾して立ち耳縁が直線的で其の立ち方がしっかりして活気に充てることの意である。

四、眼　稍三角形にして外眥上り虹彩濃茶褐色を呈す。眼の形は其の犬の精神状態により物に応じ時に従って変化のあるものであるが、此の処の稍三角形にして外眥上るは犬の平静時に於ける一般の形を表したものであって、虹彩の色も体色により変化あり、より濃きものあるいは多少淡いもの等あるも大体基となる一般の色は濃茶褐色をなすと解す可きである。

五、口喙　鼻梁直に喙尖り、鼻梁は凸凹共に悪く、直にしっかりとして居って、喙はあまり太くなし頬部の大きく張った処より徐々に尖り来り、鼻鏡緊り良く唇引緊り、鼻鏡の形状肉質、共に緊り良く、唇は垂れ下がらずに引緊り、歯牙強健に嚙み合わせ正し、歯は歯数完全に歯の発達良ろしく上下の嚙み合せが適正であって、下顎の突出又は後退等がない。

六、頭・頸　額広く、頬部良く発達し、頸部逞し。額頬は字句通りに解釈して良く、頸部逞しは、太く適度の長さあり且つ筋肉強靭なるの意である。

七、前肢　肩胛骨適度に傾斜して発達し、肩胛骨長く、発達して適度に傾斜し、胴体によく密着して肘を体に引き付くるを要することは何れの使役的犬種も必要なことであろう。下膊直に趾緊握す。下膊は彎曲することなく真直に、繋部あまり傾斜せず趾部は整生であって離開せず適当の隆起を保ちよく引き緊る。狐足に似て指甲より爪に亘り稍長形をなすを良とする。

八、後肢 力強く踏張り、飛節強靭なり。大腿部よく発達して飛節強靭弾撥力に富み後肢全体力強く踏張るの感あること。

九、胸 深くして肋適度に張り、前胸発達良し。胸は最も大切なる臓器を収蔵するところなる故充分に発達しなくてはならない。故に胸深くして肋骨適度に彎隆し、前胸よく発達して張り出し、且充分の奥行を有することが大切である。

十、脊・腰 脊直に、腰強勁なり。脊は真直に凸凹せず強靭であって腰は接合よくしっかりとして特に強勁でなくてはならない。

十一、尾 太く力強く、差尾又は巻尾をなし、長さは略飛端に達す。尾は適度に太く力強く前方に傾斜して、差尾又は巻尾状を呈し、其の垂れたる時の長さは概略、尾端が飛端部附近にある長さを普通とし、あまり長きにも短きにも失しない。

十二、被毛 表毛剛にして直く、綿毛軟にして密生し、尾毛稍長く開立す。毛色は胡麻、赤、黄、黒、虎、白とす。表毛は毛質剛であって直く、縮毛でない。綿毛は軟かく地肌に密生して居る。頭、脚部は稍短毛平滑であって、胴体部中毛に、頸部両側稍直立に近く尾毛最も長く開立して生えて居る。之は飼育地、気候、食物、健康状態によって同一犬に於いても変化のあるものであるが基準となす可きは以上の如くである。

失格

一、日本犬の特徴を欠くもの。本質と其表現、一般外貌、耳、尾、其の他に於いて日本犬の特徴を欠くものは失格とする。

二、著しき下顎突出及び下顎後退せるもの。文字通りの嚙み合せの不正なるものは遺伝上不適当なる為に失格となる。但し其の度の僅少なるものは多少の減点に止る。

三、先天的に短尾なるもの。日本犬中昔より短尾なるものあるも殆ど小型犬に多く中型犬には絶対に排撃することに決定したものである。

四、成犬となりて尚先天的に耳立たざるもの。成犬となっても後天的損傷等の理由でなく生来耳の立ぬものは日本犬の重要なる特徴を欠くものとして失格となる。

減点

一、後天的損傷及び栄養管理不適。後天的な負傷による耳たれ、跛、断尾等の類、及び栄養不良、管理不適による疾病の類は減点である。

二、体色に副わざる鼻色。白色以外の体色の犬の赤鼻の類、即ち白犬に於いては赤鼻許容されるも他の体色に於いては減点なるを規定せるもの。但し白犬と雖も鼻色桃色よりは小豆色、小豆色よりは黒色と黒色勝ちなるを良しとなす可きであろう。

三、毛色斑。厳密にいえば斑と見ゆる顔、胸先、肢、尾先の混色は許容される。しかし一枚毛色はより良しとされる。このところに云う減点の斑は胴体等に大なる紋様をなす斑を意味する。斑は昔より絵巻等に出て古来より存在する毛色である。しかしながら今後日本犬を固定さす上に於いて毛色を整理す可きであって将来の繁殖上減点とするを当然の処置と考える。例え斑を特に保存発達せしむるとするも単毛色との交配を禁じ互に交雑を防ぐことは殆んど不可能事に属するであろう。他毛色に於いても将来充分の優秀犬繁殖後は純然たる一枚毛色に整理して行くも一方法であろうが現在の状態に於いては繁殖上、顔、胸、肢、尾先の斑を許容するが当然の処置と考えるものである。

注意

一、距は成る可く除去す可し。距即ち岩懸けあるは真の日本犬なり等と信ずるものあるも、之は如何なる犬種にも出て来るものであって何等日本犬であると否とに関係ない。歩態を乱すこと多く成る可く除却すべきことを特に注意したものである。

大型

主なる使役目的を番犬に置いてある。大型犬の進む可き当然の途であろう。中型標準と異る部分のみ解説すると次の如くである。

一、**本質と其表現**　挙措重厚なる可し。中型犬と異り体重体量総て重々しく従って動作歩様等も重厚でありたい。

二、**一般外貌**　骨骼頑丈骨質緊密であると共に骨太く骨骼の組織一見頑丈なものでなければならぬ。体高牡二尺五分（約六二糎）乃至二尺四寸（約七三糎）牝一尺九寸（約五七・五糎）乃至二尺一寸五分（約六五糎）とす。現在の大型日本犬の状態に於いては之だけの体格のものの繁殖は容易でないことと思う。しかしながらかつての大型日本犬は殆んど此の体高にあったものであって、他犬種大型犬と比するも将来充分繁殖の上は牡二尺三寸前後、牝二尺一寸前後を目標に作出され度いものである。

十一、**尾**　中型犬標準と異なって居るは巻尾と決定して差尾を排せることである。大型犬の昔よりの体型上当然のことであろう。

減点

四、尾巻かざるもの。即ち差尾を減点と致して居る。

小型

小型日本犬は昔より小獣猟、あるいは鳥猟等に用いられ来った。近来は殆んど家庭愛翫番犬として一般に飼育されて居る。小型日本犬の当然進む可き途と思われる。しかしながら小型愛翫番犬としてもその日本犬としての本質其の他に於いては何等中型犬と変る所のないものであって、むしろ同一本質を有しながら小型なることにより賞翫さるる点に於いて愛翫番犬たり得るものである。中型標準と異なる部分を解説すれば次の如くである

一、一般外貌 体高牡一尺二寸五分（約三八糎）乃至一尺四寸（約四二・五糎）牝一尺一寸五分（約三五糎）乃至一尺三寸（約三九・五糎）とす。繁殖一層進歩せば牡一尺三寸位迄牝一尺二寸位迄に小型に作出出来るであろう。我国に於いては小型犬は最も古い歴史を有して居るものの一つである。噛み合せの不正ならざる小型優秀犬の作出を期待するものである。

十一、尾 短尾なるものは茶筌尾をなす。我国古来小型日本犬中に先天的に短尾なるものあり、現在の状態を見るにやや固定しかかりつつある様に思われる、愛翫番犬なる小型日本犬に此の自然短尾を保存せんとする意のもとに、之を認めることとなったものである。自然短尾は之を呼ぶに各地、方言あって一定して居ない。依って名称を我国古来の呼称を以てすることとした。

失格 短尾を認めたるため当然中型標準失格第三項を削除せるものである。

附則第一

一、尾ノ呼称 各地俗称あって一定して居ない。故にここにその統一を規定した理由である。呼称はなるべく我国の昔より呼び習され来ったものを用い、就中代々飼育調教を以て朝家武家に仕えた専門御犬方の呼称を採用した差尾は尾巻かずして前方に傾斜するものを総て差尾と呼ぶに一定した。巻尾の内太鼓巻は真直背上に巻くもの、右巻左巻は犬の後方より前方に向って左右に巻くもの、二重巻は巻方渦巻の如く二重の如く巻くもの、茶筌尾は短尾が茶の湯に用いる茶筌に似る故に古来命名される。

二、毛色ノ呼称 胡麻は白、黒、両毛相半ばするもの。白胡麻は白地に黒刺毛のあるもの。赤胡麻は赤地に黒刺毛あるもの。黒胡麻は胡麻の一層黒毛多きもの。赤、淡赤は通称の如く、紅赤は赤の一層濃きもの、此の名称も古来より用いられたものである。黄、黒、虎、白も一般通称通りであって赤虎は赤地に虎縞あるもの黒虎は普通虎毛の一層黒刺毛多く毛色全体黒味勝なるもの。

附則第二

本標準の大型中型小型各型の体高区分に於いて従来と異り各型間に空間を置いたことについては疑問に思われている人が多い様であるが、単に仮りに二尺以上大型以下中型と区分するとせんか同じ大型の同腹の兄弟犬と雖も大きく成長せるものは大型犬に入れ、少しく小さきものは中型に属するの結果となり、各型固定の上に誠に不都合なる結果を来すことである。故に各型体高間に空間を置く時は何れの型にも属せざる体高のものは体格其の他に依り何れかの型に属するも過大、又は過小となり減点を免れ得ざるものとなる。如斯方法を講じて初めて各型固定

し来るものである。各型体高は如斯理由と、且又、各型の特徴を発揮する最適の体高を認定することにより決定したものである。しかしながら今日直に各型標準の体高範囲以外は多少の減点となすことは飼育者に不慮の混乱を来さしめ引いては繁殖の上に遺憾の点ある可きを慮り此の体高標準の実施を昭和十二年度まで保留し、此の期間左記を以て各型の区分を暫定した。勿論左記区分に合せずとも体型上確然と其の大中小三型の何れに属するや、判然たるものもあろうが便宜上左記区分による各型所属を決定せるものである。

大型中型中間体高区分
牡、二尺（約六〇・五糎）
牝、一尺八寸（約五四・五糎）
中型小型中間体高区分
牡、一尺五寸（約四五・五糎）
牝、一尺四寸五分（約四四糎）

以上を以て大略解説を終ったのであるが最後に各標準項目中、繁殖作出について各部の重要度配分は如何に視る可きであるか。下に中型日本犬作出について参考のための各部重点配分表を掲げることにする。

1．本質ト其表現	15.0
2．一般外貌	10.0
3．耳	8.0
4．眼	4.0
5．口喙	7.5
6．頭頸	7.5
7．前肢	10.0
8．後肢	10.0
9．胸	10.0
10．脊腰	8.0
11．尾	5.0
12．被毛	5.0
合計	100.0

大型小型も右表を参考せられて大意ないことと信ずる。但し、各部重点配分表は日本犬の作出進歩度に従い逐次改変各部配点の増減を要するものであって、例えば耳部の固定やや完全の域に達せりとせんか此の部の点を減じて、被毛、口喙等に増加するが如き一例である。

（日保五十周年史上巻、昭和九年より）

（『日本犬――日本犬のすべて』平成 17 年度，第 7 号増刊号，社団法人日本犬保存会より）

この標準事項は日本犬全体を総括して作成されている．

大型中型小型それぞれにはその特質をとらえた説明事項も付加されて，展覧会の「審査基準」はそれぞれの犬種の特徴をとらえた事項が付加されているから，各種団体それぞれが発信している内容を参照されることは詳細を知るうえで有効である．

【資料 3】日本犬各種の繁殖育成にかかわる代表的な団体と発足年

- 昭和 3 年　日本犬保存会　略称「日保」 東京都千代田区
  http://www.nihonken-hozonkai.or.jp/

- 昭和 4 年　秋田犬保存会　略称「秋保」 秋田県大館市
  http://www.akitainu-hozonkai.com/

- 昭和 6 年　甲斐犬愛護会　山梨県
  （東京支部　昭和 32 年・柳沢氏 http://kaiken.org/）

- 昭和 20 年　ジャパンケネルクラブ（JKC）東京都
  http://www.jkc.or.jp/

- 昭和 26 年　天然記念物北海道犬保存会　札幌市
  http://hokkaidoinu.jp/

- 昭和 34 年　天然記念物柴犬保存会　略称「柴保」 東京都（中城龍雄氏）
  http://www.shibaho.net/

- 昭和 41 年　紀州犬保存会（日保から分離）
  （ホームページなし）

- 昭和 48 年　天然記念物北海道犬協会　札幌市
  http://www.doukenkyou.com/

- 昭和一桁時代より　山陰柴犬育成会　鳥取県（尾崎益三氏）
  http://3inshiba.com/

【資料 4】「中」号から現在に至る系統図

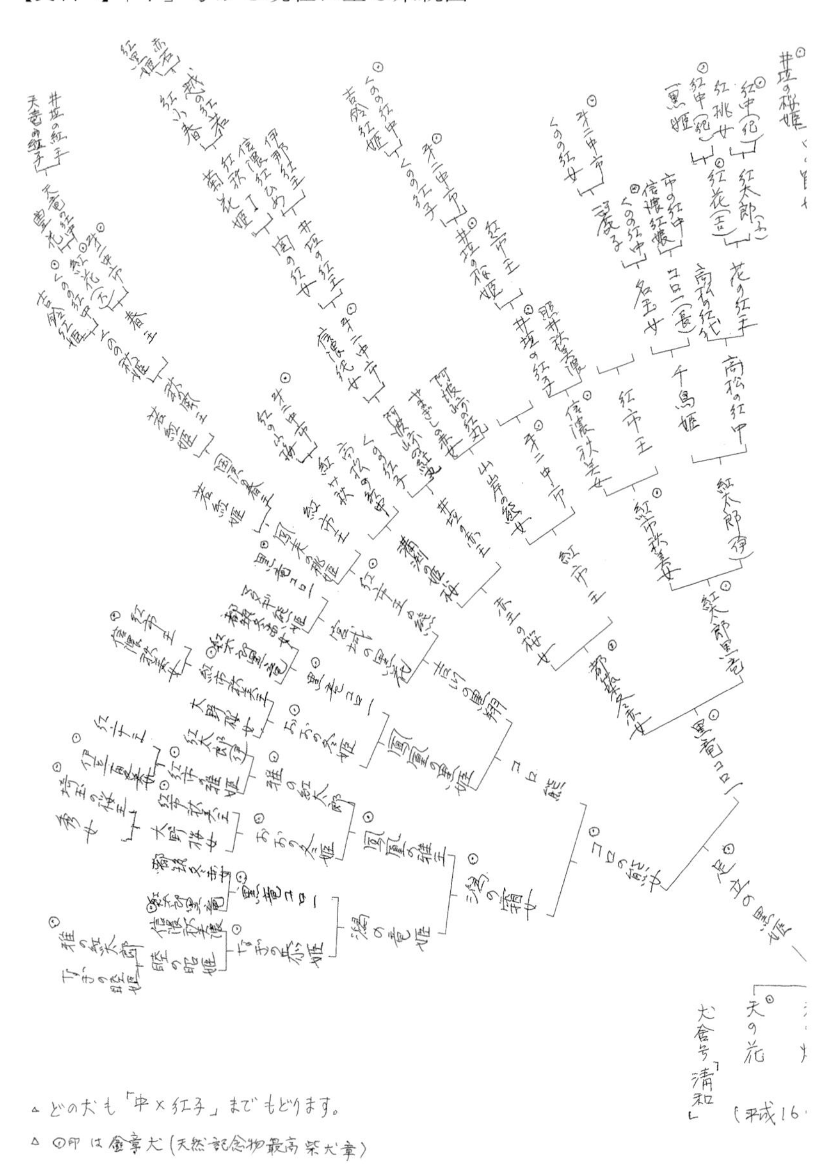

古代柴の再現を目指した繁殖個体管理の歴史．中城龍雄により先発された「中」に始
では，理想の体型と資質を満たしたイヌには「金章犬」の称号を与え，準金章犬・銀

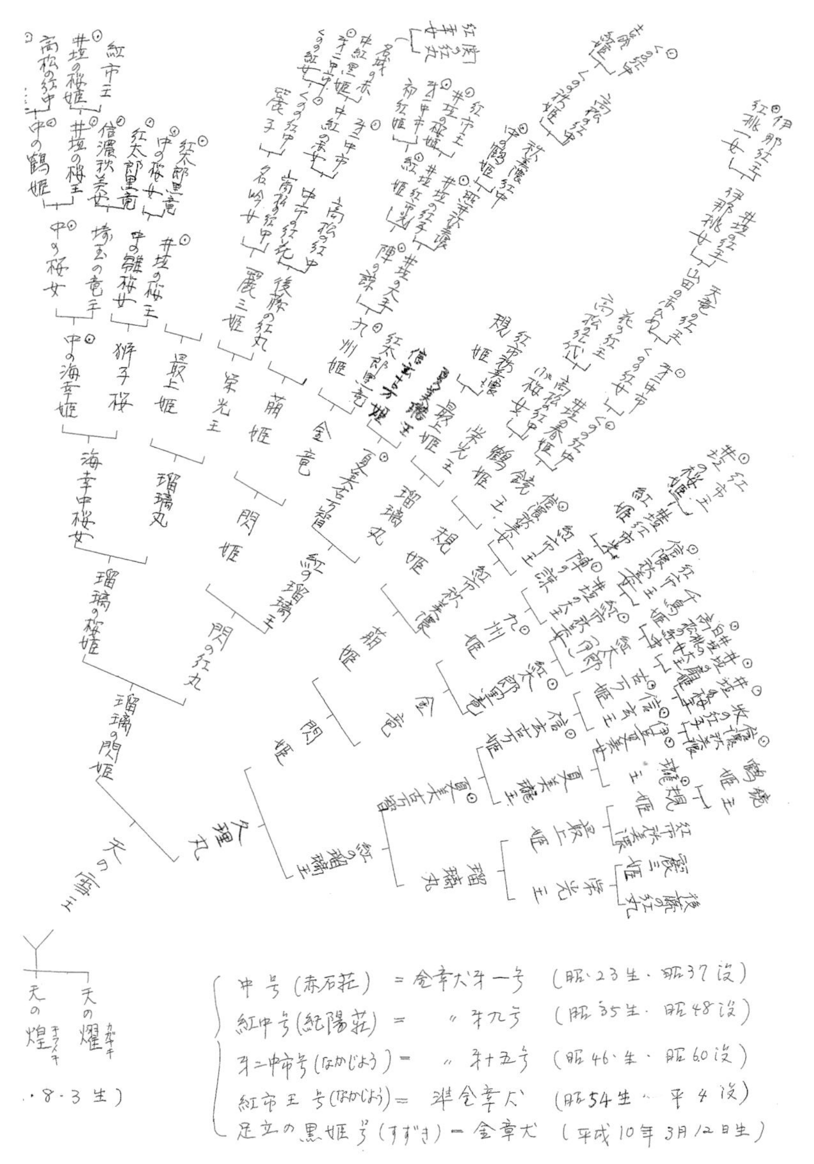

まり，「中市」，「中緑」が生まれ，現存の柴犬の系列を拡大する礎をつくった．柴保章犬も含めて繁殖個体として使用し，現在に至る．犬名右上の⊙印は金章犬を示す．

【資料5】天然記念物柴犬保存会が発行する血統書

天然記念物柴犬犬籍簿〔柴保籍〕第　巻・第 27－297** 号

柴犬（日本犬 小型）血統書

犬名 葵の黒蜜姫号　　犬舎号 伽羅

性別 雌　毛色 黒
尾型 巻尾　体高
生年月日 平成27年 7月 3日生
作出者
住所 東京都世田谷区*** * *
氏名 西 ***か

種犬認定

認定地	認定委員	認定期間

本犬の一胎犬たち

出産数		死産		除去		登録前死亡		登録犬	
雄	雌	雄	雌	雄	雌	雄	雌	雄	雌
1	2		1			1			1

	（I）両親	（II）祖父母	（III）曽祖父母	（IV）玄祖父母
父系	1．犬名 駒麓の山彦 号 犬舎号 こまろく 柴保籍 第22－29251号 （日犬籍・小　） 毛色 赤　尾型 巻尾 生年月日 平成22年 7月14日	3．滝の紅中号 滝沢荘	7．睦月の松王号 すずき	15.久理丸号－青山
				16.平鈴の紅女号－おぼない
			8．あたかの紅胡麻号 あたか	17.中市の桜王号－中田
				18.冬紅姫号－おぼない
		4．五月の黒女号 つづき	9．奥羽の黒市号 秋田狩柴	19.くまの秋桜号－ひのき
				20.紅珠の雪姫号－秋田狩柴
			10．阿波の若姫号 つるぎ	21.琉の黒風丸号－ニライ
				22.瀬戸の秋姫号－瀬戸マタギ
母系	2．犬名 妙義の鶴姫 号 犬舎号 上州玉荘 柴保籍 第24－29415号 （日犬籍・小　） 毛色 黒　尾型 巻尾 生年月日 平成24年 5月14日	5．第二黒竜号 上州玉荘	11．東の黒竜号 ひらむら	23.テルの黒一号－おぼない
				24.菖の黒乙女号－狭山きむら
			12．五月の翔香号 仁我園	25.月出松翠号－月出松
				26.山水の幸姫号－柴猟荘
		6．小萩姫号 黒川の郷	13．東の黒竜号 ひらむら	27.テルの黒一号－おぼない
				28.菖の黒乙女号－狭山きむら
			14．小山の夏姫号 青山	29.久理丸号－青山
				30.小山の紅姫号－青山

受賞証明

年次	会の種類	審査員	級	評価	賞

登録者ならびに所有者変更
住所・氏名　東京都 西 ***か
登録年月日　平成27年 9月11日

両親犬の種犬認定と主な賞歴
父）第104回本部展　準金章
母）第107回本部展　準金章

本犬を「天然記念物・柴犬犬籍簿」に登録したこと、および本血統書の記載事項は「登録原簿」と相違ないことを証明します。

天然記念物 柴犬保存会
犬籍登録係（　）

終章
これからの日本犬

菊水健史

ヒトとイヌの出会い，その再考

ヒトとイヌの出会いは，古くさかのぼると5万年以上前ではないかとさえ想定され始めている．時は氷河期の後期．平原は1年を通して長い間を雪と氷に包まれ，春になると一斉に生命が息吹き，今を盛りと虫や鳥たちが飛びまわるような時代だったかもしれない．人々の暮らしは農耕が開始される前．おそらく貴重な動物や魚の狩りと果物などの採取を主体に，移動を余儀なくされる生活であっただろう．

ヒトは誕生したアフリカの大地を離れるときに，見知らぬ土地に踏み込む強い野心と，どうにかなるという楽観性に満ちあふれていた．この楽観性は，たとえば他者に対する寛容性にもつながったかもしれない．見知らぬ個体や，ときには自分を食する天敵に対しても，「まあ，いいか」と楽観的に受け入れてしまう，そんな高い寛容性を有した人々だったかもしれない．

時を同じくしてか否か，イヌとオオカミは別々の生活を始める．イヌとオオカミの違いの1つに，警戒心の芽生えがある．オオカミは警戒心が高く，なにごとにも用心を忘れない．オオカミの5週齢の子はすでに警戒心が育ち始め，遊び行動が失われていく．一方，イヌはといえば，いつまでも遊び好き．好奇心が警戒心に勝り，さまざまなイヌやヒトに対して積極的に近寄っていく．いわば周囲に対して高い寛容性を示していることになる．おそらくイヌはその好奇心に助けられて，オオカミの住む森林から出て，平原に移り住んだ一部の集団であっただろう．森林は身を隠すにはうってつけの場所であったが，どこからもみえる平原はそうではなかったはずである．そうやってイヌも，好奇心や寛容性をもって，オオカミと生息域を異にし始めた．

ヒトとイヌの出会いは，もちろんまだなぞに包まれている．上述のように，おたがいの心的な傾向が，独立して変化し，恐怖よりも好奇心が，防衛よりも寛容が優先させることとなった．そうして，本来なら恐れるべき相手に対して，近づいてきても「まあ，いいか」と受け入れるようになった．おそらくこれがおたがいの距離を縮め，そして出会いが始まったのだろう．それは寛容性を手にした両者のしかるべき宿命だったかもしれない．

イヌとヒトの共生が，イヌがヒトの食物の残飯を漁ることに始まった，という説が提唱された．それはオオカミと比較し，イヌではデンプンを消化するアミラーゼの遺伝子が多く発現し，代謝可能であったことが遺伝子研究で明らかになったからである．しかし，私たちの研究では，代表的な日本犬である秋田犬や縄文柴犬では，オオカミよりはアミラーゼ遺伝子数が多いものの，欧米犬よりは少なかったことから，デンプン消化能力が，ヒトとイヌの共生の絶対条件であったとは考えにくい．それよりはむしろ，行動の特性が変化したこと，おたがいを受け入れる寛容性の高まりが，きっかけになっていたように思う．そしてヒトとイヌは広大な大地を，その距離を縮めつつ，ともに歩き始めたのだろう．イヌはときにヒトから食べものをもらい，ヒトはイヌがいることで，周囲の大型肉食獣の接近を前もって知ることができ，夜警を助けてもらっていただろう．当時のヒトの生活において夜間の睡眠の改善は，ヒトの大脳の発達を促したかもしれない．それが最終的には認知機能を高め，協力行動や共生能力を育んだ可能性も否定できない．つまり，ヒトはイヌと出会って，ヒトらしい生活を手に入れたという大胆な仮説も成り立つのである．

ともに歩き始めた日本人と日本犬

そのようにともに歩き始めたヒトとイヌ．ヒトの部族間では，乏しい食糧資源をめぐって，生活する土地をめぐる争いが起きる．動物や果実の豊富な土地は，より好戦的で強い部族が支配するようになるだろう．力の弱い部族は，しだいに北へ，そして東へ追いやられていくことになる．その先には日本列島があった．あるいはその部族は，弱かったというよりは，もしかすると闘争を好まなかったのかもしれない．

日本固有のイヌ，つまり「日本の犬」の祖先は，日本人の祖先が日本に移り住んだときに連れてきたことはまちがいない．日本列島に最初に定住を始めたのは，考古学的には縄文人であり，それは一万数千年前くらいにあった大陸からの移住に始まり，約二千数百年前まで続いた．そして，当時暮らしていた縄文人たちは，多くの遺跡や縄文土器を日本各地に残した．日本最古のイヌの遺跡である神奈川県の夏島貝塚では，古いイヌの骨がみつかっている．これが約9500年前．さらに7300年前の愛媛県の上黒岩遺跡からはていねいに埋葬された2つのイヌの遺骨がみつかっている．このとき，イヌは大切なパートナーとして，すでに縄文人の生活に溶け込んでいたことがうかがえる．勢力の強い部族に追われ，東の末端まで到達した縄文人にはイヌというすばらしい生活の味方がいたのだろう．

現在の日本人は，この「縄文人」と，後に朝鮮半島から移り住んだ「弥生系」の人たちを祖先にしている．その2つの系統が日本人のDNAとして引き継がれている．日本犬のルーツを探るには，この縄文人のルーツを探る必要がある．なぜなら，彼らがイヌとともに日本列島に移り住んだわけで，その当時の縄文人とイヌの関係性が起点となっているからである．日本犬は遺伝学的検証から，ニホンオオカミをもとに家畜化されたものではなく，すでに大陸でイヌとなったあとに，縄文人とともに日本列島に入ってきたことが明らかとなっている．じつは日本人はアジア系のモンゴロイドではあるが，大陸の中国人や東アジア人と比較し，少し異なった遺伝的背景をもつことが知られている．さらに近年の縄文人の骨から抽出したDNA分析により，その差異がさらに明瞭となった．縄文人のDNAはアジアで主流となっている人々とはかなりかけ離れていること，そして現代の日本人にはその縄文人のDNAがしっかりと受け継がれていることがわかってきた．近年の日本人を対象とした「Y染色体」のDNA調査からも，アジア大陸の主流の人々と日本人の違いが明瞭に浮かび上がっている．Y染色体は，父親からその息子に受け継がれていくのが特徴で，その遺伝子型を調べると男性の祖先をたどっていくことができる．大陸を支配した，かのチンギス・ハーンのY染色体がアジア人の約1割に保有されていることが驚きをもって知られているのは，このような解析が可能となったからである．世界中のY染色体の調査で，男性の祖先は「A」から「T」の20タイプに分けられる．日本人の半数は，中国や韓国で多数を占める「O」というタイプだが，現代の日本人のなかには，Y 染色体としては比較的古いと考えられる「D」というタイプのヒトが約 3 割程度いる．D のグループは，アジア大陸では韓国，中国ともにほとんどみられない．おそらく縄文人が D のタイプを保有して，日本に移り住み，その後に弥生人が O をもって移住してきたと考えられよう．この D をもつ部族はチベットと，インド洋のアンダマン諸島に認められるが，そのほかの地域では絶えている．日本やチベット，アンダマン諸島に共通することは，島国であることや山間部であることから，おそらく競争に負け，あるいは競争を嫌い，局地に移住した部族の末裔であろう．さらに興味深いことに，中国大陸や東南アジアでは，部族間の衝突があると，勝者の DNA のみが残る．とくに Y 染色体ではその傾向が強い．先のチンギス・ハーンの事例がそうである．つまり，勝者がその地の血縁を牛耳ることになる．負けた側の男性はほぼ抹殺されているのだろう．しかし，ここ日本では，縄文人がもっていた D とその後の弥生人がもっていた O がまるで重なるように，緩やかに融合している様子が明らかとなった．このことは，縄文人と弥生人の間に大きな衝突がなかったことを意味する．考古学的にはあとからきた弥生人が縄文人を支配した，と考えられているが，縄文人が激しく抵抗したわけでもなく，弥生人も惨殺するようなことには至らなかった．縄文人も弥生人も，大陸の争いから逃れ，冷血的な殺戮を好まない人たちの集団だったのかもしれない．まさに寛容性の表れ，である．

不思議なことに，極東の日本に逃げ込んだのは，けっしてヒトやそれに連れられたイヌだけではない．ニホンザルもしかりである．ニホンザルはマカク属に属するサルであるが，そのほかにマカク属に属するものとして，カニクイザルやアカゲザル，タイワンザルなどが含まれる．ニホンザルはほかのマカク属のサルに比較して，多少小ぶりである．近縁のアカゲザルとは 50 万年前に分岐したといわれている．ニホンザルは温泉に入るサルや雪山に住むサルとして世界中に有名で，英語ではしばしば “snow monkey” ともいわれる．つまり，通常のサルでは認められない行動を示し，極限の地域に適応してどうにか生き延びているといえる．その気質はほかのマカク属に比べて圧倒的に温厚である．生息域と行動の変化から，ニホンザルが大陸での競争に破れ，しだいに北へ，そして東へ追いやられ，最終的にはサルが住むことが困難であった雪のなかでも生きるすべをどうにか見出した，という．まさに縄文人と同じような運命で，日本列島にたどり着いたのだ．このニホンザルの生き方も，なぜか日本人と重なるのは，そのような長い歴史の背景の重なりがあるからかもしれない．童話「桃太郎」に出てくる，桃太郎とそのお供のニホンザル，柴犬，そしてキジは，絶妙の組み合せといってもよいかもしれない．日本列島という，ある種，大陸の果てという生息域に到達し，住み着いたという背景をもつ動物とヒト，である．

日本犬の生活史

このように寛容性が高く，競争を好まない生活を求めて日本に移り住んできた人たちの連れていたイヌ，それが日本犬のルーツである．そのような特徴をもったヒトに連れられたイヌもまた，独特の気質をもっていたかもしれない．あるいは縄文人とイヌの関係性は，ほかの部族におけるヒトとイヌの関係性とは異なっていたのかもしれない．とくに文明が進み，イヌの管理がより容易になるにつれ，その差が明瞭になったであろう．ヒトの宗教的行為は中期旧石器時代に始まるとされ，およそ20万年から5万年くらい前になる．当時，遺体の埋葬がその起源的な役割を担っていたが，並行して動物崇拝も，遺跡からの装飾品や壁画から想定されている．文明が進むにつれ，社会構造が変化していったが，とくに農耕の発達は人々の間の格差を生み，しだいにその富をめぐった争いが生じるようになる．狩猟採取の人々の間の争いはさほど殺戮的ではなかったが，農耕が進んだ以降の闘争は，非常に殺戮的となり，支配と服従という社会システムの発展を促すことになる．この流れをくんだ欧米では，自然の見方にも宗教的な違いが生じ，動物崇拝や多神教から一神教へと変化する．一神教，とくにキリスト教では，ヒトと動物の間には大きな隔たりが横たわり，ヒトだけが特別な存在となる．つまり動物は「道具」あるいは「利用価値」としての見方が強まったことであろう．それがイヌの家畜化や目的に応じた多数の犬種を生み出した原動力となった．

一方，極東の日本に到達したヒトとイヌは，厳しい食糧資源のなかにあり，また肥沃な土地にもあまり恵まれなかった．黒井氏は第III部でいう「内陸の山はきびしく，海が迫り，狭い土地で生きていくには小さい身体のほうが有利であったろう．野山で小動物をとらえ，海岸では貝を拾う．共同生活を営むイヌもまた小さめが好都合であったろう．日本人の祖先と日本犬の祖先は，狩猟・採集の共同生活者であったと想像できる．……両者の間柄は，主従ではなくつねに対等，そんな関係であったと思われる」と．まさに想像される日本人とイヌの生活の初期のありようは，このようなものであっただろう．イヌとヒトは同等であり，おたがいがおたがいを，別の種として歩んできたものだと尊重する，そういう関係性が続いたと想像できる．その後，建国や社会システムの変化が生じ，イヌは食用にされ，あるいは軍用犬として駆り出された歴史もある．しかし，イヌを大切に育て，ともに狩りを主体とする人々と一緒に，山岳地帯を中心にひっそりと生活していた日本犬たちがいた．その日本犬の子孫たちを私たちは今，目の前にすることができる．その表情や立ち姿に，その歴史的な背景をいまだに感じるような気がするのは，筆者だけではないだろう．

日本犬との関係のあり方

天然記念物柴犬保存会を幾度か訪ね，みなさんがどのようにイヌを飼育し，ともに生活するのかを垣間見てきた．自然と隣にいる，伴侶，というイメージがとても強い．会員の方は口をそろえていう「このイヌたちに私たちは生きるということを学んでいるんですよ」と．イヌは道具であるということはない．自然のなかで生命を紡ぐ「師」としてイヌと向き合う．生まれたときから自然の一部として存在し，生きるも死ぬも宿命と腹を決め，それでも悠然と暮らす，そういう姿に心を打たれている方が多いのが特徴である．狩りの訓練も特段に特別なものはない．少しおとなになったとき，一緒に山に入る．先輩たちのイヌがすることを見まね，群れの一員としてついていく．飼い主に対しての距離感は自然と身につき，先に行っては振り返り，また前に進む，を繰り返す．よい運動と食餌を与えていれば，自ずと身につくところからも，日本犬には山で集団として狩りをする能力をDNAに受け継いでいることがわかる．一度，獲物をみつけると，獲物との頭脳的な駆け引きを行い，しだいに追い詰めていくという．その間，逸らすことのない強い視線で追跡し，ときには攻撃的に向かってくる獲物に対し，全神経を集中して，その攻撃をかわすという．けっして深追いをせず，また粘り強く質実剛健な態度で狩りをするあたりが，日本犬の特性とでもいえよう．まさに，縄文人が日本列島に入り，狩猟採取していたときに発揮していた能力そのものである．

だからといって，日本犬がオオカミみたいなものかといえば，そうではない．オオカミと異なり，飼い主に忠誠を誓い，生涯添い遂げることを生まれながらの使命としているかのようである．かのハチ公を想像してもらえれば，その意味も伝わるだろう．ハチは2歳にも満たない，短い間しか，飼い主である東京大学の上野英三郎教授とともに生活できなかった．それでも，そのともに過ごした時間はハチにはかけがいのないもので，始終病気がちのハチのことを気にかけていた上野を，生涯けっして忘れてはいなかっただろう．有名な渋谷駅への訪問は，上野が亡くなってから1年ほど経ってから始まったという．その日課は，ハチが亡くなるまで，約7年半もの間，続いた．ハチは生前，上野が出張や帰りが遅くなるときがあっても辛抱強く，駅前で待ち続け，上野も渋谷駅で再会を大喜びし，喜ぶハチを抱きしめ，しばらく遊んでからご褒美に焼き鳥を買ってあげていたらしい．そのような特別な関係性，そしてハチの全身全霊の忠誠心というのは，日本犬に特有ともいえるものである．

オオカミでは，飼い主がいくら小さいときから世話をしても，飼い主との関係がそこまで深くなることはない．欧米犬では，もちろん飼い主との絆は形成されるが，日本犬に比べれば流動的で，新しい飼い主にしばらくするとなつくものである．このことから，飼い主に対する忠誠心は，イヌがオオカミとの共通祖先から離れたごく初期に獲得された性質であり，家畜化が進み，犬種の改良がされるにしたがって薄らいだものと考えられる．これはイヌとヒトの出会いの場面でも想像がつく．なぜなら，イヌとヒトが共生を始めたころ，ある集団に帰属する形で，ともに移動していただろう．それが揺らいだり，薄らいだりすれば，イヌがヒトの集団とともに荒れ地の果て，雪に閉ざされた平原にまでついてきたとは考えにくい．ヒトのなかの集団の，もしかしたら特定のだれかに対して，忠誠心なるものを抱き，そのヒトについていくことが，いくらその先に困難がともなっていようと，自分の宿命と思っていたに違いない．

ローレンツが愛したスタシ．スタシもまたチャウ・チャウの血を引く，アジア系のイヌであったが，ローレンツにのみ，その信頼を寄せ，ほかのヒトには心を開くことがなかった．ローレンツはいう「今日においても，いぜんとして人の心は，高度に社会的な動物の心と同じである．人の理性と合理的な道徳感の到達点がどれほど動物たちのそれをこえたにしても，なおそうである．私のイヌが私が彼らを愛する以上に私を愛してくれるという明らかな事実は否定しがたいものであり，つねにある恥ずかしさを私の心にかきたてる．ライオンかトラが私をおびやかすとすれば，アリ，ブリイ，ティトー，スタシ，そしてその他のすべてのイヌは，一瞬のためらいもみせず，私の命を救うために絶望的なたたかいに身を投ずることだろう．よしんばそれが，数秒の間だけのものであっても．ところで，私はそうするだろうか？」と．まさにイヌの愛の深さと純粋な忠誠心を謳った言葉である．

ヒト，ホモ・サピエンスを進化の最終産物，あるいはもっとも有能な進化の形態とするような心理学においては（筆者はその考えには反対である），ヒトの愛はもっとも道徳的であり，いつくしみ深きものであるとされてきた．「その高貴な人間愛でさえも，理性や人間に特有の合理的な道徳感に由来するのではなく，もっと深いところに根ざす，本能的感情の古い層から生まれるのである」（コンラート・ローレンツ）．そして，イヌはそのような無償の愛を，宿命といわんばかりに飼い主とだけ結んでくれる，地球上での特別な存在なのである．そのような忠誠心や飼い主への愛情が日本犬ではいまだに比較的強く保有され，私たちは日常でもその様子をみることができるのだ．

日本犬研究のこれから

今後，日本犬を含め，イヌの起源を探る研究が進むであろう．それは考古学の知見から，そして行動遺伝学の観点から，である．私たちがもっとも知りたい，イヌの行動はどうであったか，ということは，遺跡からのイヌの骨では理解できない．なぜなら，行動や心理は，形に残らないものだから，である．そうすると，力を発揮するのは遺伝学になる．現世のイヌたちの行動遺伝学を進めることで，イヌの行動にかかわる遺伝子がいくつか明らかになるだろう．その遺伝子は，オオカミと異なるものである．その遺伝子はいつからイヌに現れ始めるのか．たとえば，遺跡から発掘されたイヌたち，あるいはオオカミでもかまわないが，それらの骨から慎重に抽出したDNAを調べ，遺伝子変化が生じた時期を同定すれば，きっとイヌがヒトに，寄り添い始めた時期が明らかになるはずである．もしかしたら，姿形はオオカミと変わらずとも，イヌの心，寛容性で好奇心に満ちあふれ，愛くるしい視線を送るような，そんな個体がいたこともわかるかもしれない．

第I部で紹介した行動や認知機能の解明は，第II部の遺伝学的手法と相まって，いつどのようにイヌに獲得されたのかという問いに答えてくれるだろう．それらの結果が生まれてくることがつぎの世代の研究である．そのなかで，日本犬の貴重な存在が活きてくる．行動や心理を，遺跡からあるいは遺伝子から直接知ることはできない．実際の行動や心理機能と遺伝子の対比が不可欠である．オオカミ，あるいはイヌの祖先種と近い遺伝的な背景をもつ日本犬を用いて行動実験を積み重ね，さらに最近のDNA解析を取り入れることで，これまで仮説として述べられてきたことを，初めて明らかにすることができる．日本犬がもつ外見的特性，さらには飼い主との関係性を含んだ行動特性のなかには，イヌがイヌとなったときの源泉がみつかるかもしれない．その源泉を見出せれば，なぜヒトはイヌとともに住むようになったのか，という疑問も自ずと解き明かされるだろう．そういう意味では，日本犬の理解は人間そのものの理解にも近づく，といえるのだ．

いつしか，イヌがヒトの傍らを歩き始めた，その始まりを知る日がくるだろうと，期待に胸をふくらませ，私たち研究者はさらなる研究を目指していきたいと思う．筆者自身，自分の飼っているイヌの目をみて，その奥底に，数万年にわたる共生の進化の歴史で培ってきた，ヒトとイヌの信頼と絆をみるような気分になる．その瞳はいう「私たちは知っているのです，運命を．ずっと前から，そしてこれからも」と．

おわりに

朝，目を覚ますとまずは最初にイヌとの挨拶が始まる．おばあちゃんのアニータが頭をこすりつけて，長い緩やかな挨拶をしてくる．若いケビンクルトは短い挨拶で，部屋をあちこちと調べて，新しい朝の匂いを楽しんでいる．ケビンクルトの母，情緒豊かなジャスミンは物陰からそれらの様子をながめ，筆者が散歩に行こうと思うその直前に，「さて，私もそろそろ出番かしら」と歩み寄ってくる．たわいのない毎日のできごとである．そして，そのようにヒトとイヌがともに目覚めるようなってから2万年から3万年が経とうとしている．長い共生の歴史を，今，この目の前で実感し，体感できる感動が胸を満たす，そんな朝を迎えることができる．

イヌはほんとうに不思議な動物である．種も違い，言葉も通じないが，なぜか心が通じる気がする．それは「気がする」のか「ほんとうに通じている」のか．2015年現在，多くの認知心理学者がこのなぞを解こうと多くのテストを実施し，ヒトとイヌの関係性を明らかにしつつある．くわしい結果はまだこれからの研究を待たねばならないが，予想以上にというか，予想どおりというか，イヌは情緒深く，ヒトとつながり，心をつないでいることがわかってきた．そして，イヌと共通の祖先種をもつオオカミではそのようなヒトとのつながりをもつ能力が確認できず，イヌは進化と家畜化の過程で，この能力を得たと考えられてきている．

1990年代以降，イヌの網羅的遺伝子解析により，日本犬の特性が浮き彫りになりつつある．日本犬の遺伝的背景は，オオカミと類似のものを欧米犬種よりももつという．このことは，上記のヒトとイヌの出会い，そして共生の歴史をひも解く鍵を日本犬がもつことを意味する．認知行動学的アプローチと遺伝学的アプローチをもってして，日本犬のなりを知り，明らかにすることにより，イヌがイヌとなり，ヒトと生活をともにした，その原点を垣間見られるかもしれない．じつは5年ほど前，東京大学の長谷川寿一先生らと，日本犬の重要性を認識し，関係する研究者で勉強会を開催したことがある．

長谷川寿一先生をはじめ，筆者が以前所属していた同じく東京大学の獣医学科，森裕司先生と武内ゆかり先生，総合研究大学院大学の長谷川眞理子先生，京都大学から遺伝学研究の村山美穂先生が集まり，今後どのように研究を展開しようか，との話をした．それから各ラボで研究が発展し，いくつかの新しい知見が得られてきた．このような背景があり，研究の成果が得られ始めたときに東京大学出版会編集部の光明さんから，現時点で得られたことをここでまとめてみてはと，お話を受けたことになる．

本書をあらためて読み返してみると，自分なりになるほどと思う．日本人と日本犬の関係性．そこにはイヌをみると，ヒトもみえるものがある．イヌの視線の向こうに謙虚な日本人がみえる．日本犬を大事に，そっと，共生の友として，パートナーとして敬愛してきた人々．読者のみなさんにとっても，これらの想像をかきたててくれる書になっていればと思う．このような書を書いてみようという，霧のかかった平原に向かって走りだすような作業に3名もの方々がお力を貸してくださった．永澤美保さんは，彼女の麻布大学の大学院時代からの知り合いであり，それ以来の研究のよきパートナーであり，彼女なしには私たちのラボの日本犬の研究，それ以上にイヌの研究が成り立たなかったといえるほどの存在である．忙しい合間に，多くの書籍をひっくり返して，イヌとオオカミの行動の比較から，日本犬の特性までをじょうずにまとめていただいた．2人目の外池亜紀子さんは，4年ほど前に私たちのラボに訪れ，「大学院に入ってイヌの研究をさせてください」といわれた．彼女は東京大学の薬学部出身で，大学院修士の時代には，トマトの遺伝子研究をされていたらしい．麻布大学の大学院期間はお勤めの製薬会社を休職されての大学院研究であった．さすがに遺伝子の研究は超一流で，あっという間に筆者の想像を超える遺伝子の機能を明らかにして，立派な博士論文を提出された．それだけでなく，筆も早いし，ものごとの整理もじょうず．実際に英語の科学論文を1日で書き上げる秀才ぶりを発揮されていた．最後に黒井真器さん．本書でもっとも重要な文章を起こしてくださった．長年にわたる日本犬とのかかわりからみえてくるヒトとイヌの関係を，ご本人のエピソードを交えて，心躍るような文章でお書きいただいた．これら3名の方々のお力添えなくては，もちろん本書は完成できなかったであろう．そして，度重なる筆者の提出期限延長に耐え忍び，職人的な優雅さで本書をまとめてくださった光明さんにあらためてお礼申し上げたい．

本書は，日本犬の理解に向けた中途の書であることはみなさんもおわかりのことと思う．この機会にご自身でもあらためて日本犬の魅力を感じて，これまでのイヌとヒトとの生活，さらにはこれからの共生の未来に心を馳せていただければ幸いである．

2015年10月14日

菊水健史

索　引

ア　行

カ　行

サ　行

タ　行

ナ　行

ハ　行

マ　行

ヤ　行

ラ　行

ワ　行

著者略歴

菊水健史　（きくすい・たけふみ）

1970 年　鹿児島県に生まれる．
1994 年　東京大学農学部獣医学科卒業．
現　在　麻布大学獣医学部教授，獣医学博士．
専　門　動物行動学．

永澤美保　（ながさわ・みほ）

1969 年　福岡県に生まれる．
2008 年　麻布大学大学院獣医学研究科動物応用科学専攻博士後期課程修了．
現　在　自治医科大学医学部研究員，学術博士．
専　門　比較認知科学．

外池亜紀子　（とのいけ・あきこ）

1981 年　米国カリフォルニア州に生まれる．
2015 年　麻布大学大学院獣医学研究科動物応用科学専攻博士後期課程修了．
現　在　麻布大学獣医学部研究員，学術博士．
専　門　動物行動遺伝学．

黒井眞器　（くろい・まき）

1926 年　東京都に生まれる．
1959 年　上野学園大学音楽学部卒業．
現　在　天然記念物柴犬保存会副会長．
専　門　日本犬の系統保存．

日本の犬——人とともに生きる

2015年12月25日　初　版

［検印廃止］

著　者　菊水健史・永澤美保・
外池亜紀子・黒井眞器

発行所　一般財団法人　東京大学出版会

代表者　古田元夫

153-0041　東京都目黒区駒場 4-5-29
電話　03-6407-1069　Fax 03-6407-1991
振替　00160-6-59964

印刷所　株式会社三秀舎
製本所　牧製本印刷株式会社

ISBN 978-4-13-060230-3　Printed in Japan